①

| 1 | 2 | 3 | 4 | 5 | 6 |

②

4

Überprüfung der Zähl- und Ziffernkenntnisse:
Gegenstände oder Lebewesen mit Hilfe einer Strichliste zählen
und die Anzahlen nach individuellem Können aufschreiben.

Nach Oberbegriffen zusammenfassen;
Anzahlen 2 oder 3 die entsprechenden Ziffern zuordnen

Memory-Spiel / Anzahlspiel

  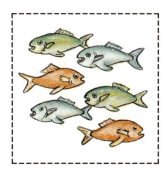

 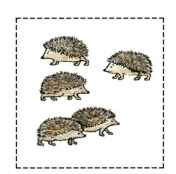

Die Spielkarten ausschneiden und verdeckt auf den Tisch legen;
zwei Karten aufdecken und bei gleicher Anzahl ablegen;
bei ungleicher Anzahl beide Karten wieder verdeckt zurücklegen

Immer 4 von einer Sorte umkreisen

Immer 5 von einer Sorte einkreisen

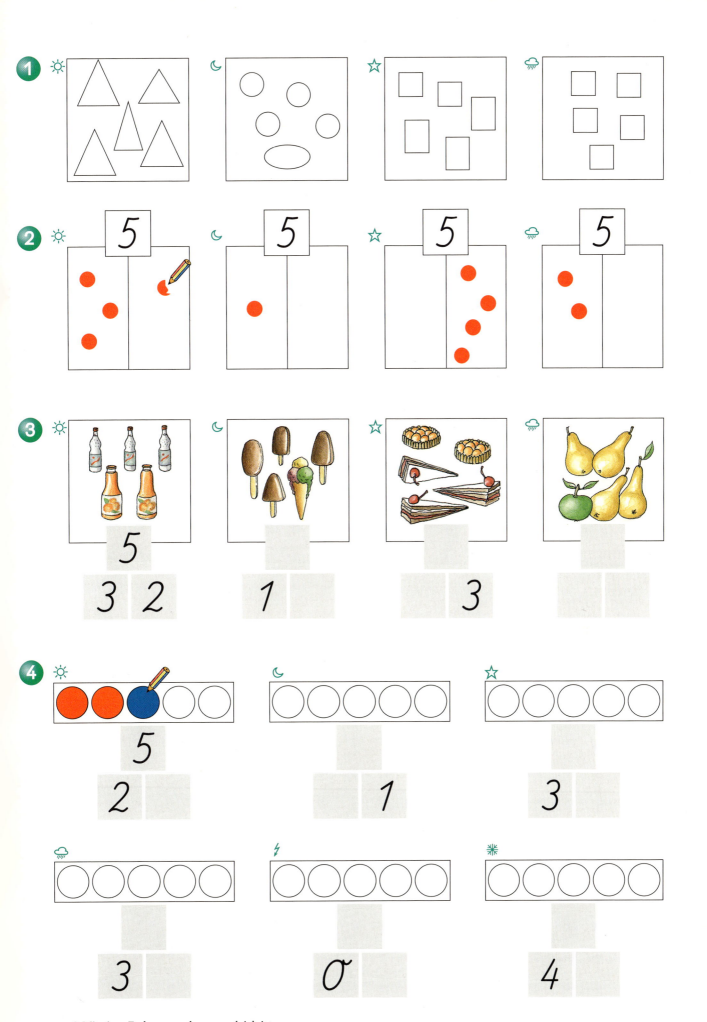

1. Mit einer Farbe ausmalen, was gleich ist
2. Auf 5 ergänzen, durch Ausmalen
3. Die Zerlegungen aufschreiben
4. Mit zwei Farben ausmalen und die Zerlegungen aufschreiben

Immer 6 von einer Sorte einkreisen

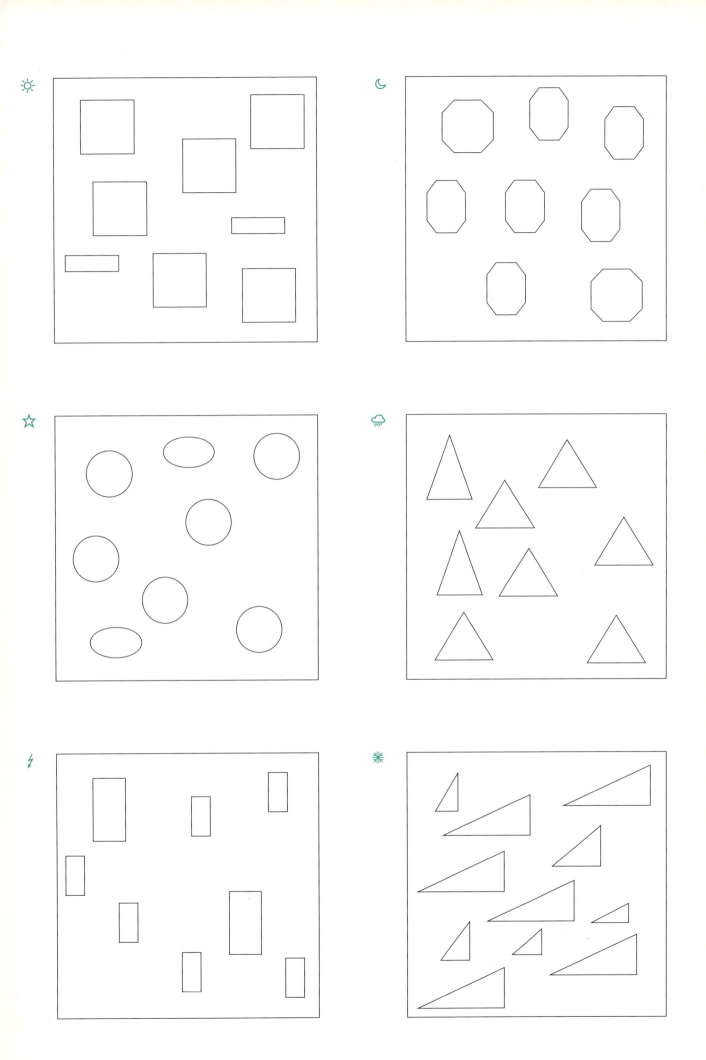

In jedem Feld die 6 gleichen Figuren anmalen

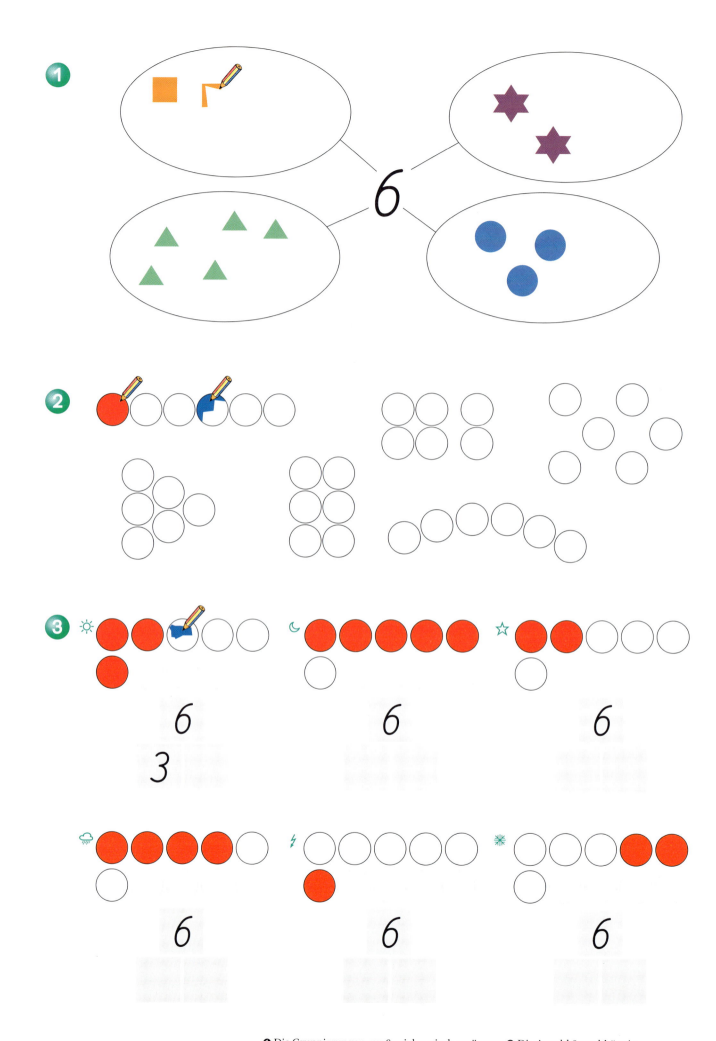

❶ Die Gruppierungen zur 6 zeichnerisch ergänzen ❷ Die Anzahl 6 unabhängig
von der Anordnung erfassen und die Gruppierungen mit jeweils 2 Farben ausmalen
❸ Die Anzahl 6 duch zeichnerisches Ergänzen zerlegen und die Zerlegung mit Zahlen aufschreiben

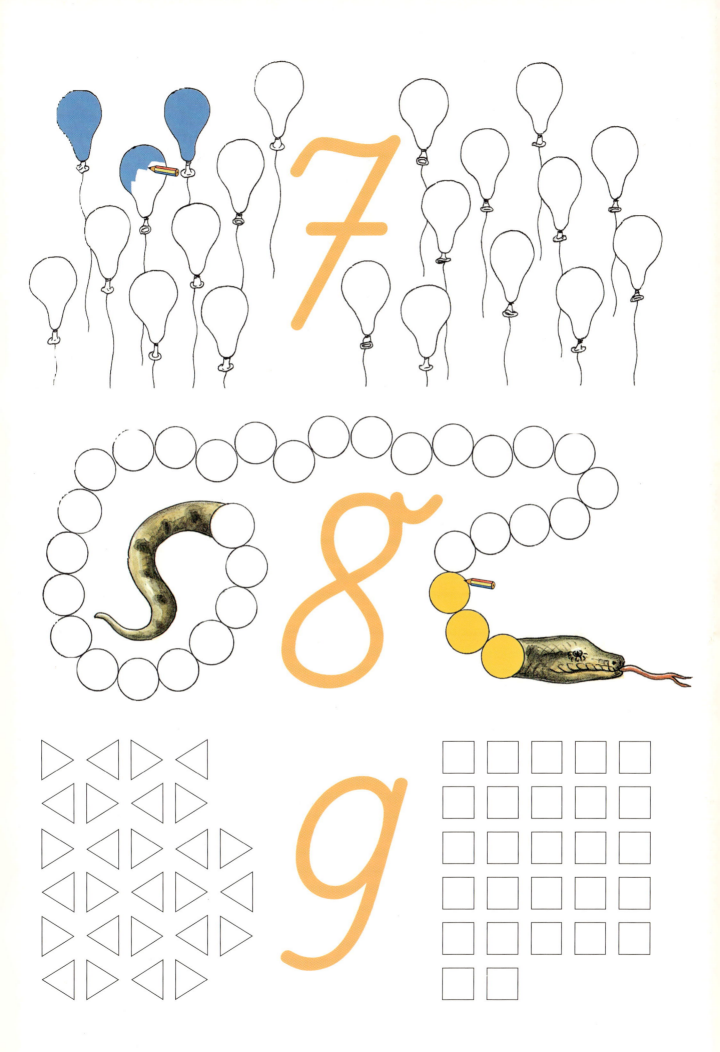

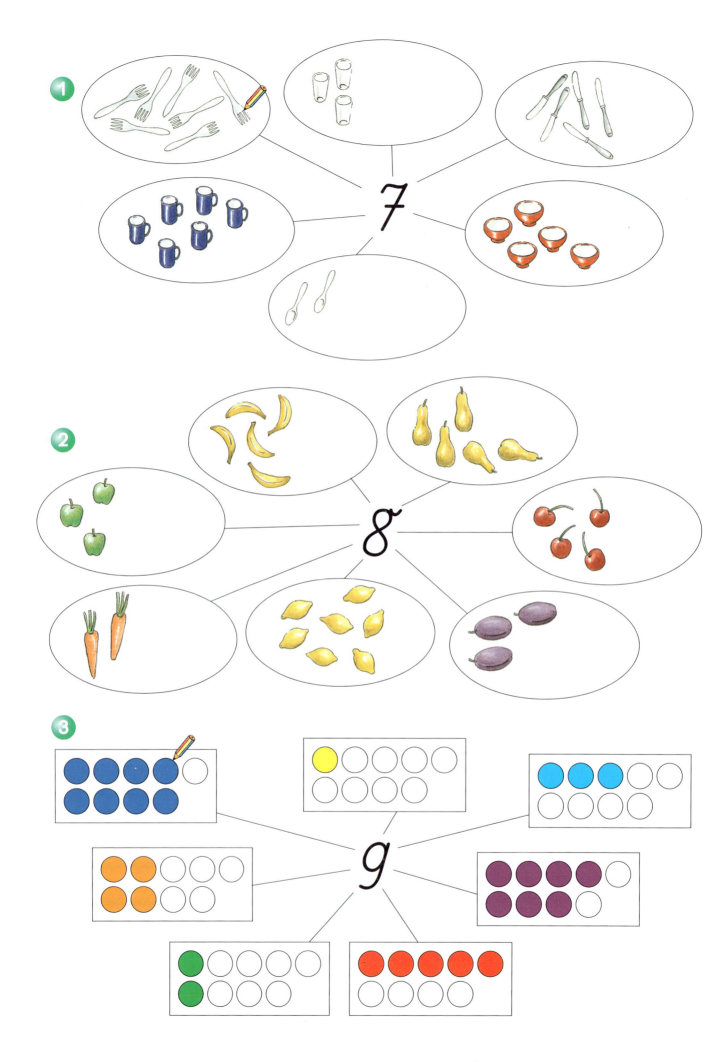

14 Vorkurs

1

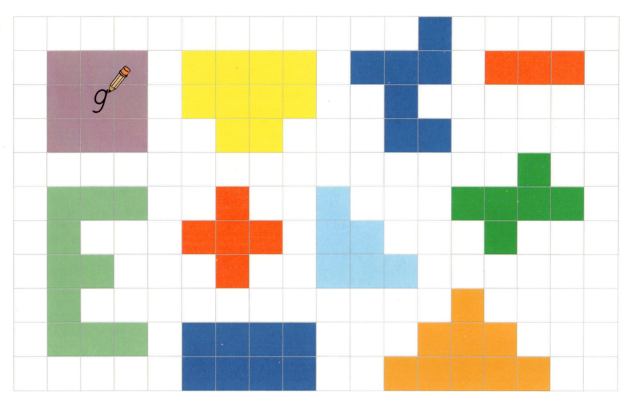

2 Male andere Formen.

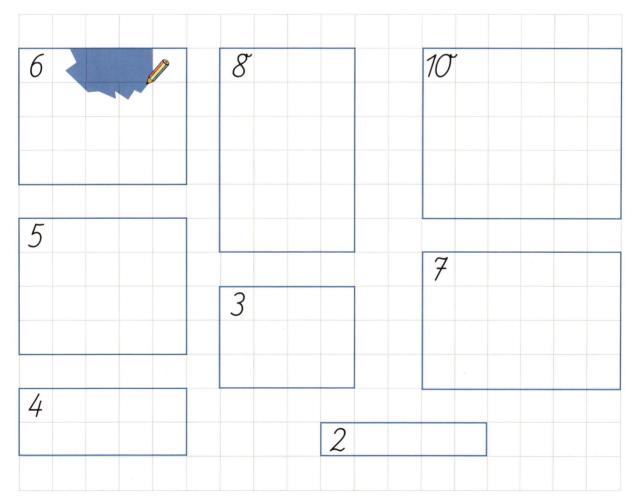

❶ Die Kästchen in den Figuren abzählen und die Anzahlen einschreiben
❷ Zusammenhängende Figuren mit vorgegebenen Kästchenanzahlen zeichnen

1 ☀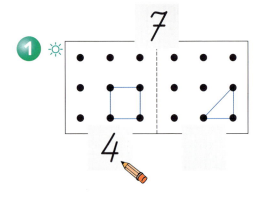

7

4 ✏

🌙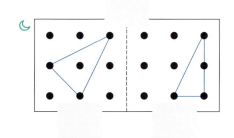

2 ☀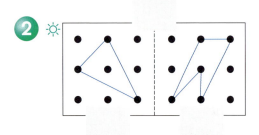

🌙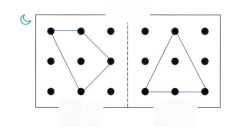

3 ☀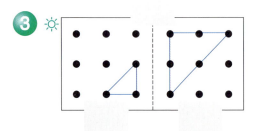

🌙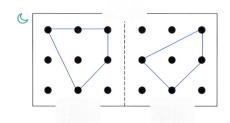

☆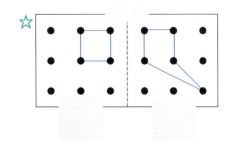

🌧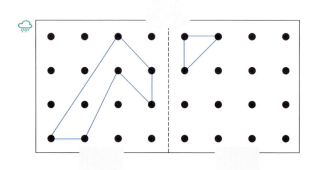

4 ☀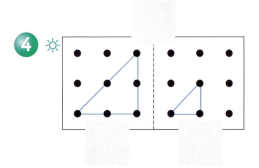

🌙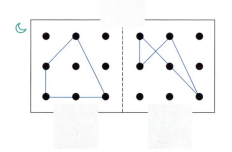

Anzahlen von 7 – 10 bestimmen und aufschreiben;
Anzahlen 7 – 10 zerlegen

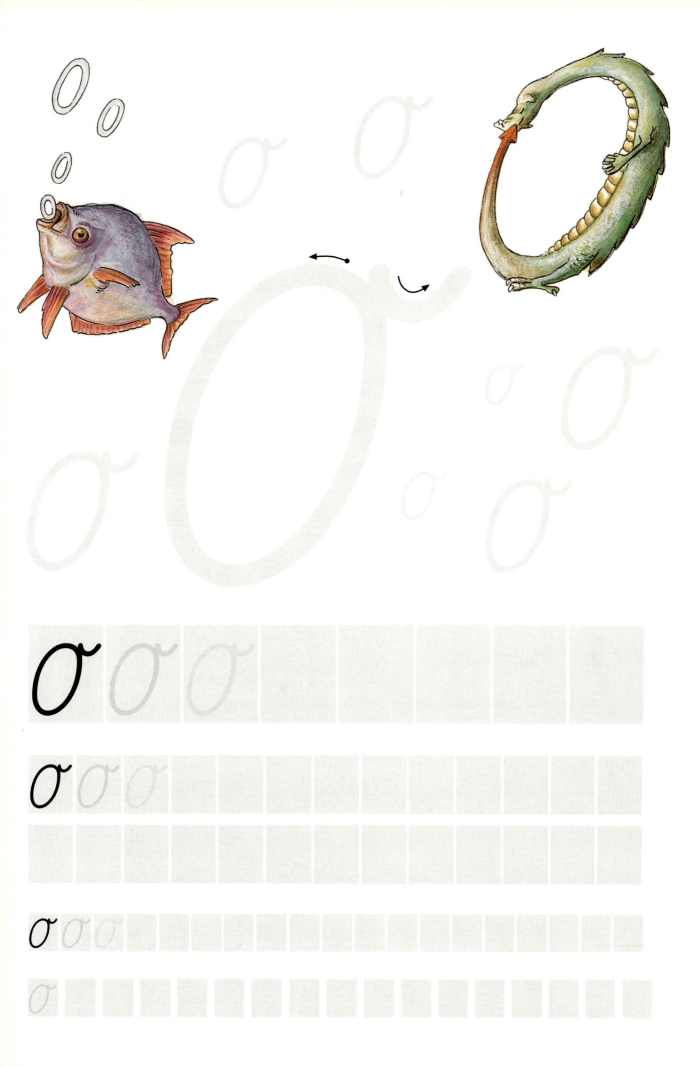

1 1 1

1 1 1

1 1 1

0 1

3 3 3

3 3 3

3 3 3

0 1 2 3

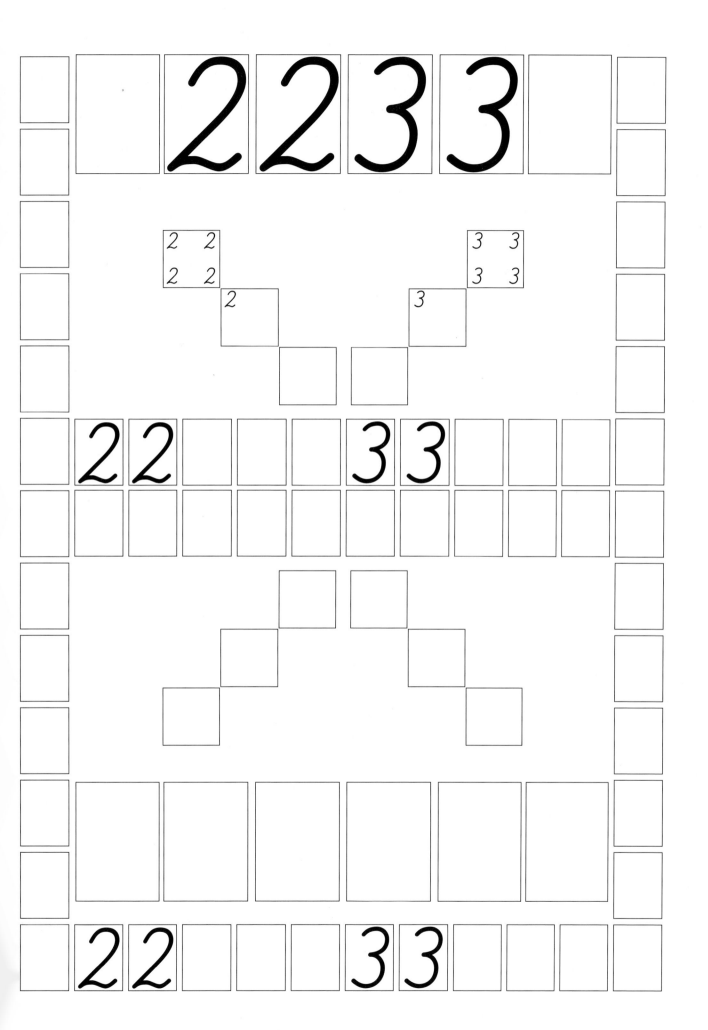

4   4   4

4   4   4

4   4   4

0 1 2 3 4

6 6 6

6 6 6

6 6 6

0 1 2 3 4 5 6

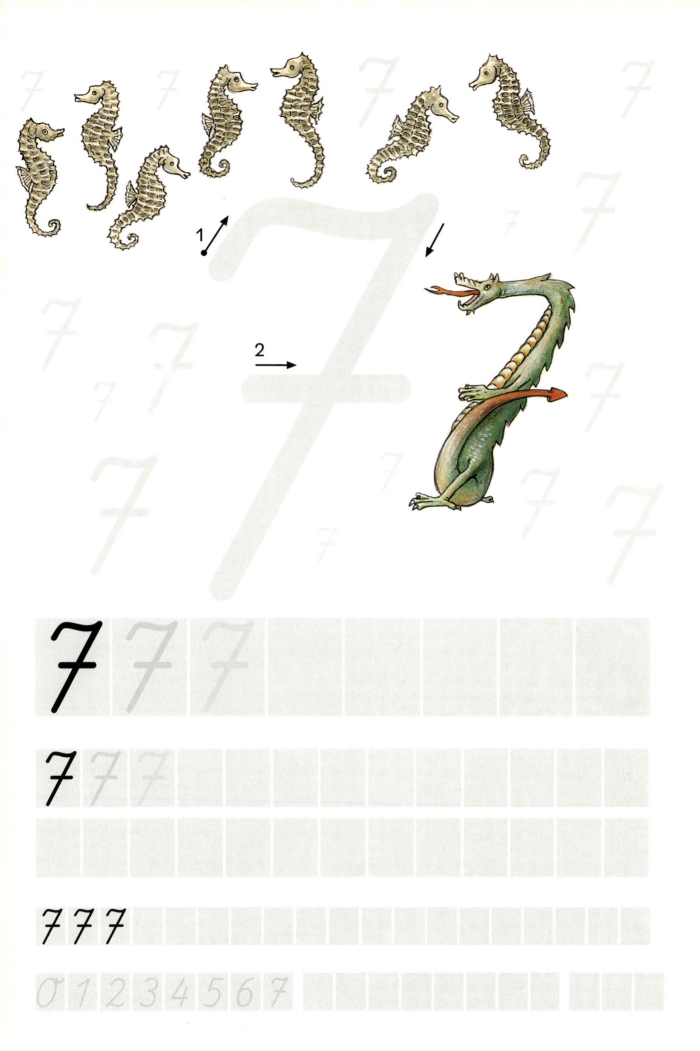

1

2

7 7 7

7 7 7

7 7 7

0 1 2 3 4 5 6 7

$\mathcal{8}$ $\mathcal{8}$ $\mathcal{8}$

$\mathcal{8}$ $\mathcal{8}$ $\mathcal{8}$

$\mathcal{8}$ $\mathcal{8}$ $\mathcal{8}$

0 1 2 3 4 5 6 7 8

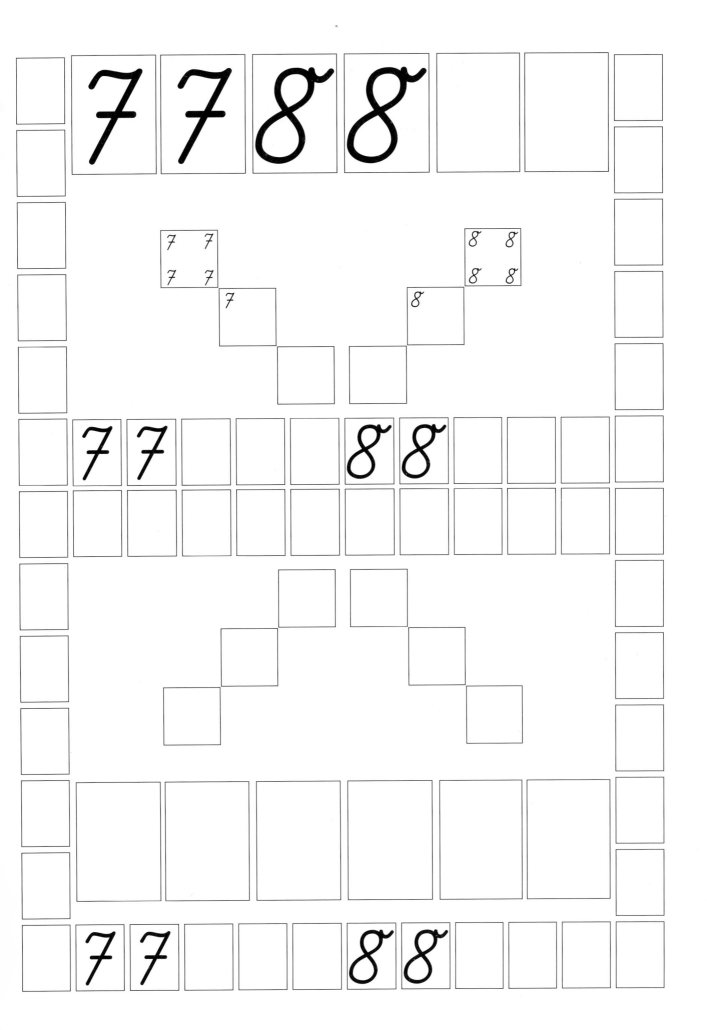

g g g

g g g

g g g

0 1 2 3 4 5 6 7 8 9

Überlagerungsfelder ausmalen;
Zahlen nachziehen, Überlagerungen zulassen

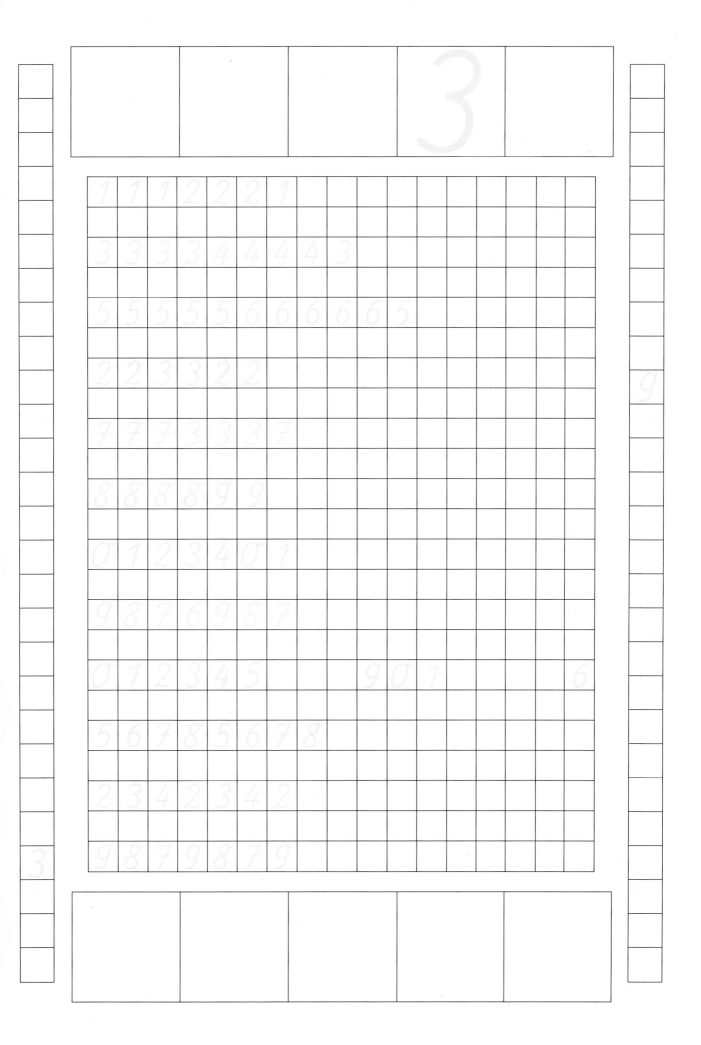

Zahlenfolgen fortsetzen; Zahlenschmuckblatt gestalten

Zahlenmandala

Gegenstände begrifflich ordnen;
Gegenstände bis 10 zählen
und eine Strichliste als Zählhilfe führen;
Anzahlen vergleichen

8 8

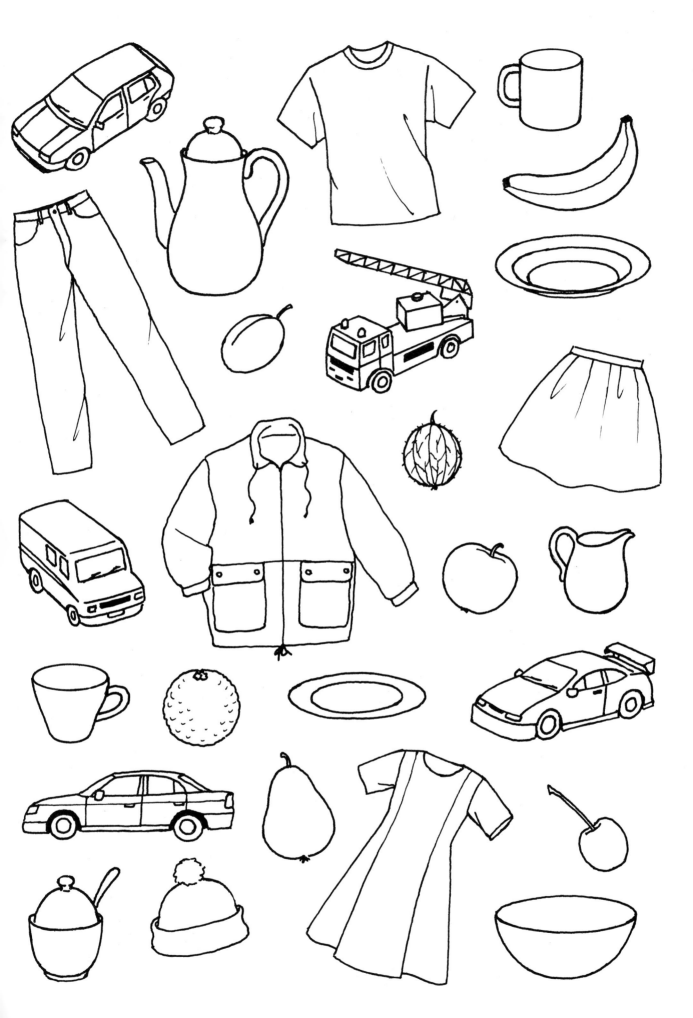

Gegenstände nach Oberbegriffen ordnen;
immer 5 Gegenstände einer Gruppe
mit der gleichen Farbe ausmalen

4

Geometrische Formen Quadrat, Rechteck,
Dreieck und Kreis durch Ausmalen und Zählen
unterscheiden und benennen

8 8

Geometrische Grundformen Quadrat, Rechteck, Dreieck und Kreis
mit gleicher Farbe ausmalen und benennen

5

❶ Nach Anzahl der Beine den Toren zuordnen
❷ ❸ Gegenstände nach Vorschrift ordnen und ihre jeweiligen Anzahlen nennen

6

9

1

2

13 13

❶ Die Fähnchen mit passenden Punktefeldern bemalen;
Darstellungen mit gleicher Anzahl einander zuordnen, Würfel entsprechend farbig ausmalen
❷ Bildern bestimmter Anzahlen die passenden Zahlen zuordnen

7

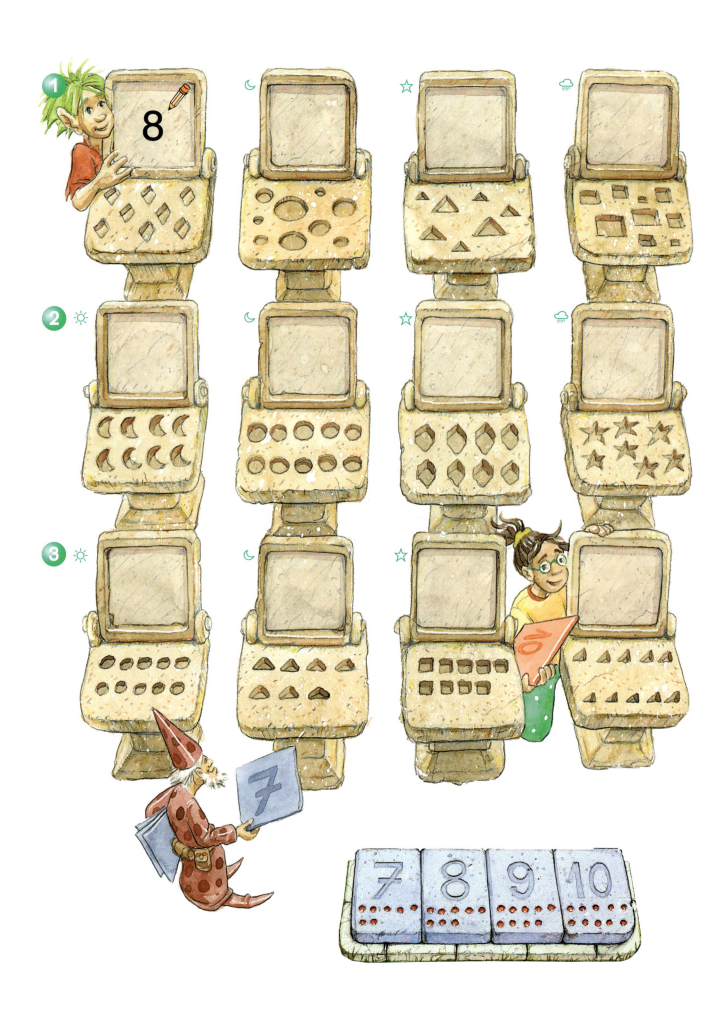

Zu bildlichen Darstellungen
die entsprechenden Zahlen schreiben

15 15

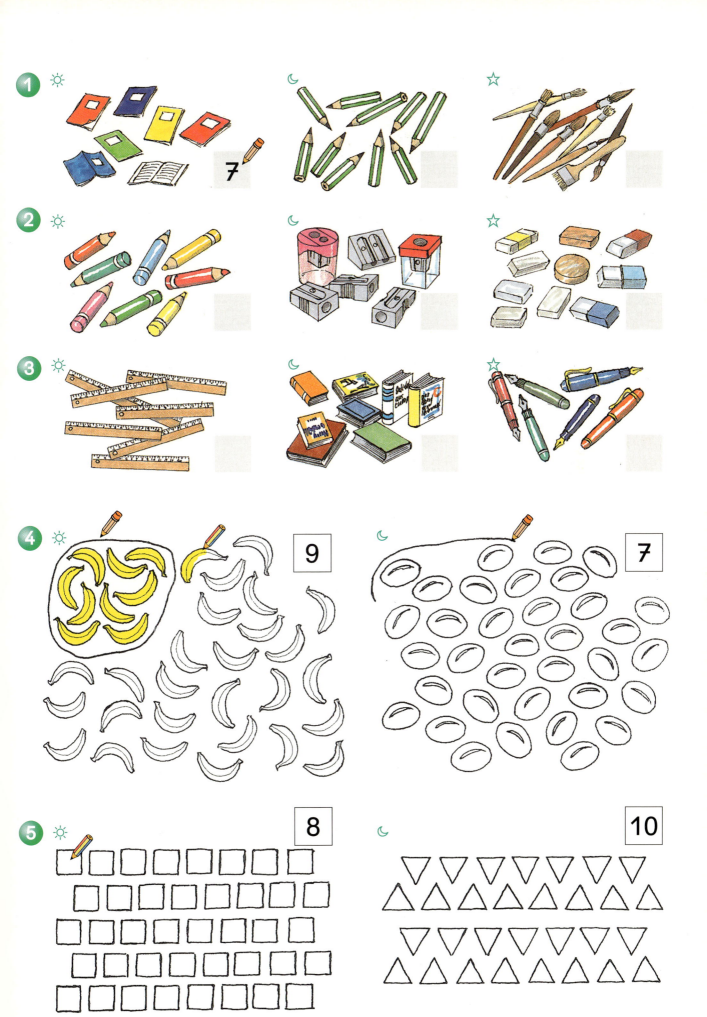

1 ☀ 🌙 ☆

7 🖊

2 ☀ 🌙 ☆

3 ☀ 🌙 ☆

4 ☀ **9** 🌙 **7**

5 ☀ **8** 🌙 **10**

❶ ❷ ❸ Zu bildlichen Darstellungen die entsprechenden Zahlen schreiben
❹ ❺ Gegenstände nach vorgegebenen Anzahlen bis 10 einkreisen
und / oder ausmalen

 15 15

9

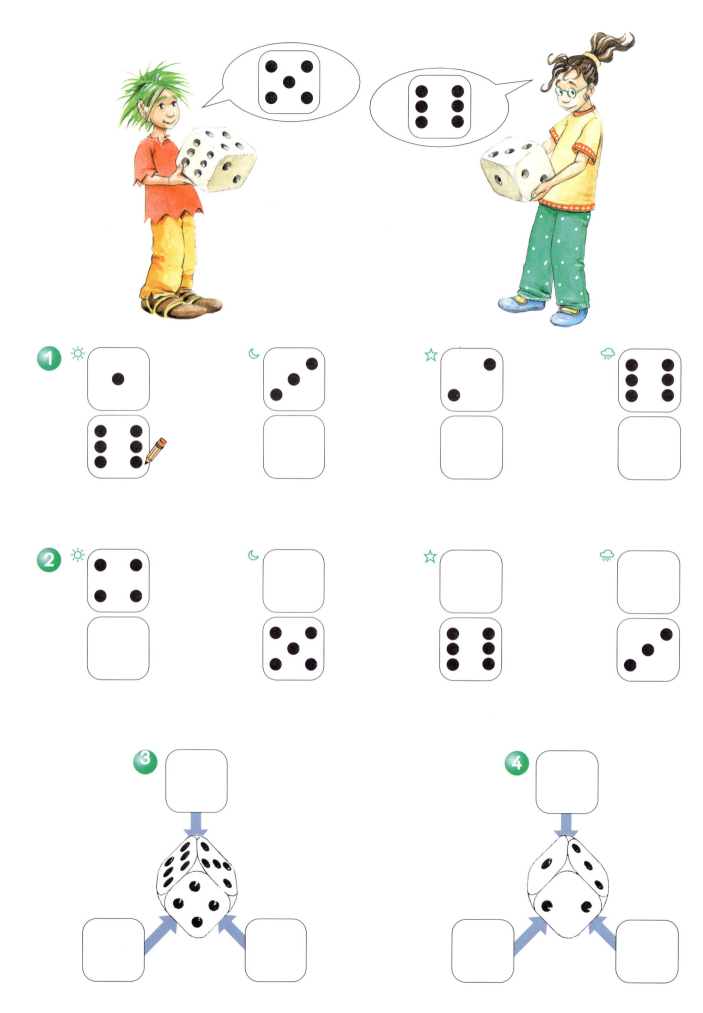

Die fehlenden Würfelbilder zeichnerisch ergänzen;
dabei die Kenntnis der Würfelaugensumme 7 von zwei
gegenüberliegenden Würfelseiten anwenden

17

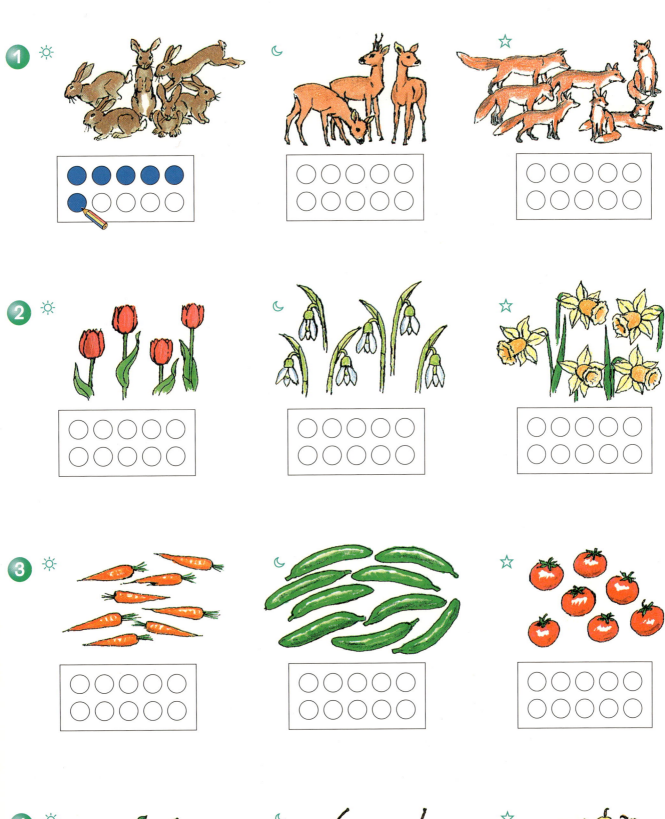

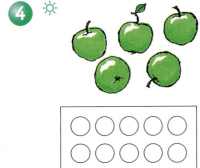

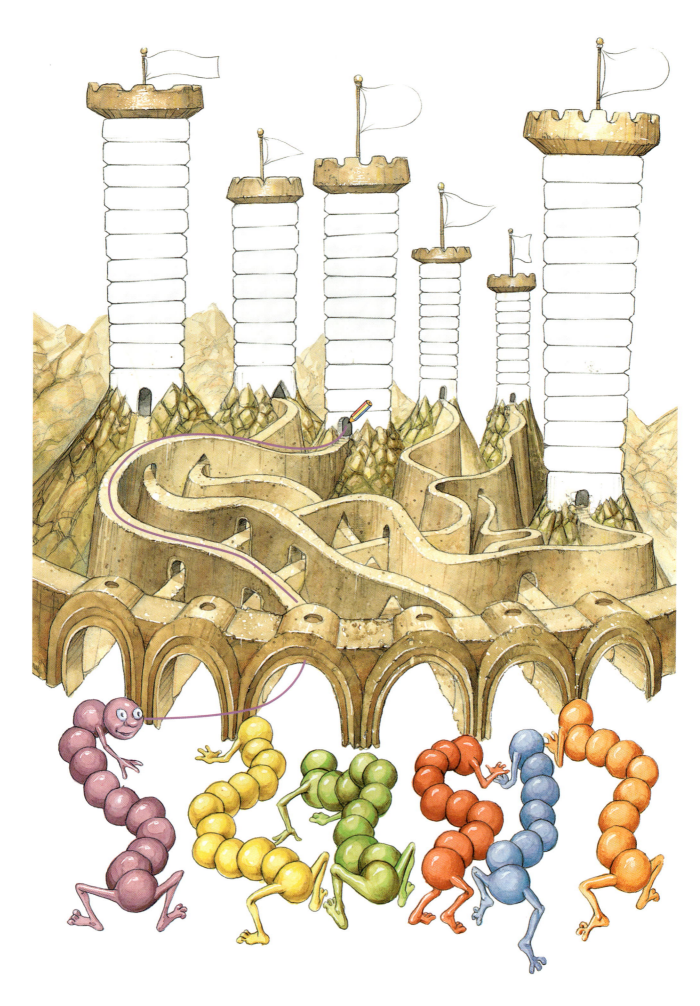

Über 10 hinaus bis 13 zählen;
Abbildungen mit gleichen Anzahlen einander zuordnen

19

1

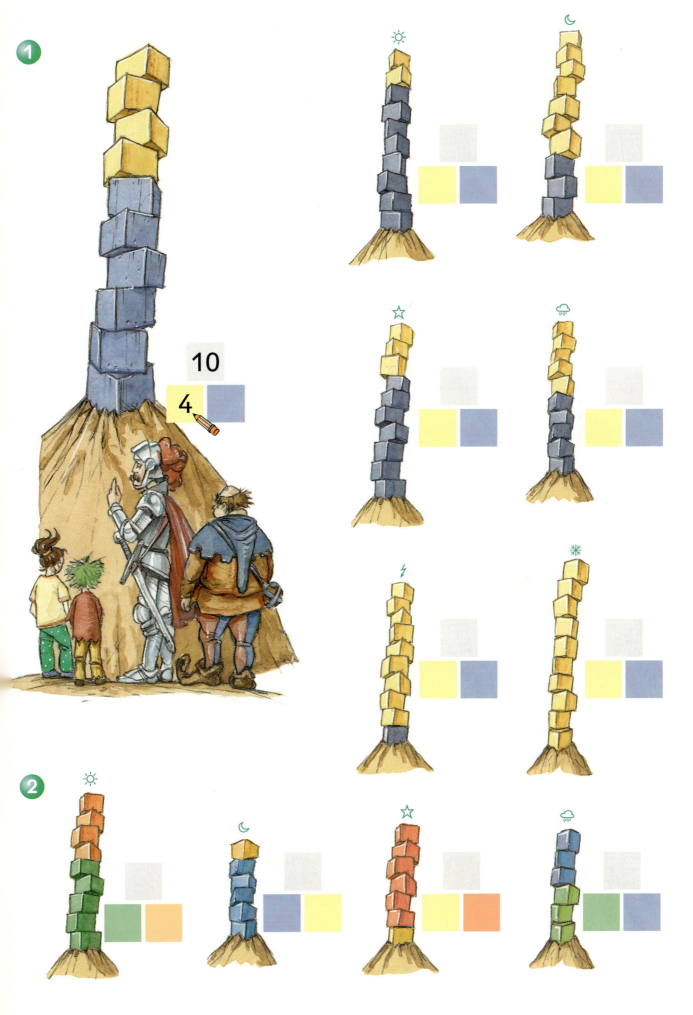

10
4

2

Anzahlen und Zahlen bis 10 zerlegen

13

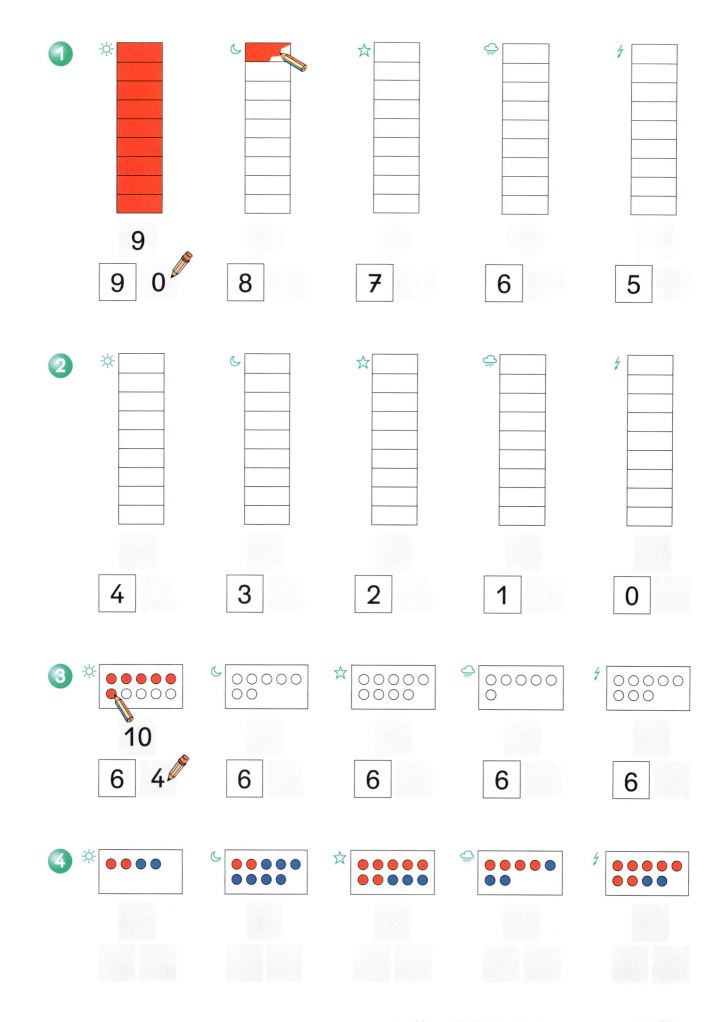

Anzahlen und Zahlen bis 10 zerlegen

22 22

1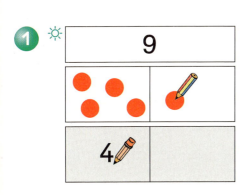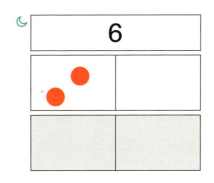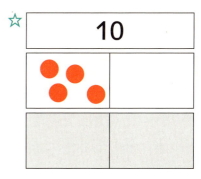

2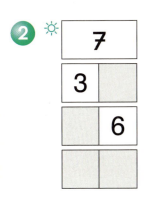

3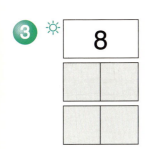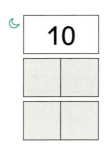

4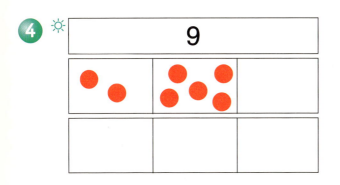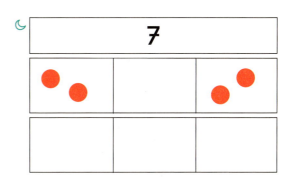

5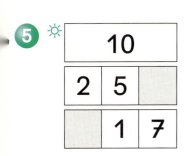

11		
6		2
	3	3

8		
3	4	
5		1

13		
4		6
6	1	

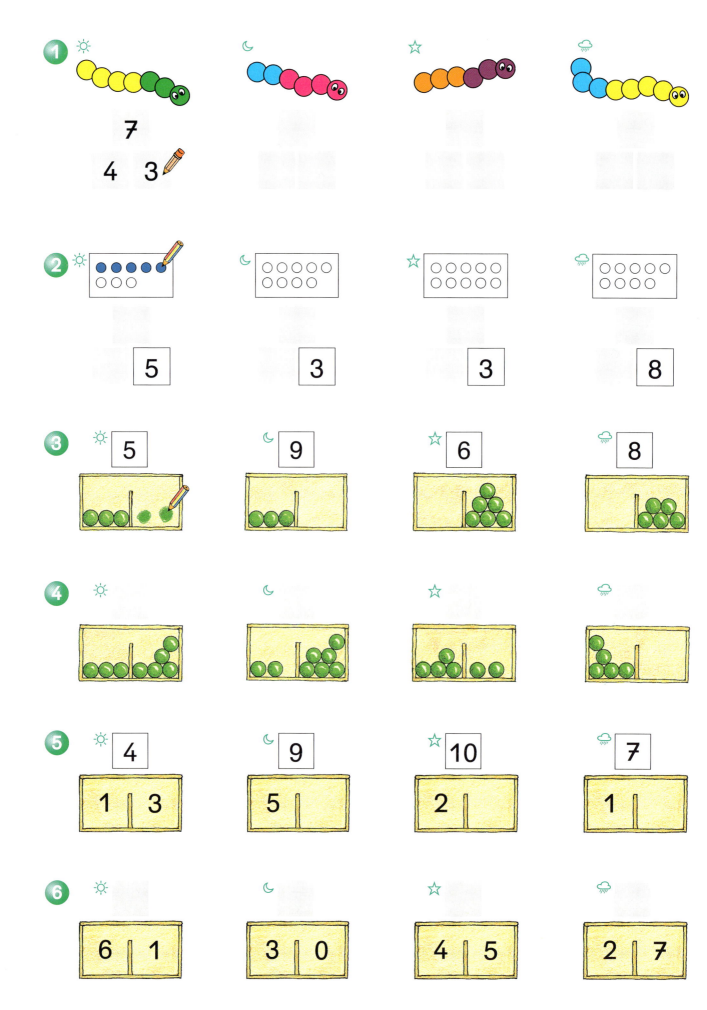

1

☀ 7
4 3 ✏

2

☀ 5
🌙 3
☆ 3
☁ 8

3

☀ 5
🌙 9
☆ 6
☁ 8

4

☀ 🌙 ☆ ☁

5

☀ 4 — 1 | 3
🌙 9 — 5 |
☆ 10 — 2 |
☁ 7 — 1 |

6

☀ 6 | 1
🌙 3 | 0
☆ 4 | 5
☁ 2 | 7

Anzahlen und Zahlen bis 10 zerlegen;
Ausgangszahlen für das Zerlegen bestimmen

22

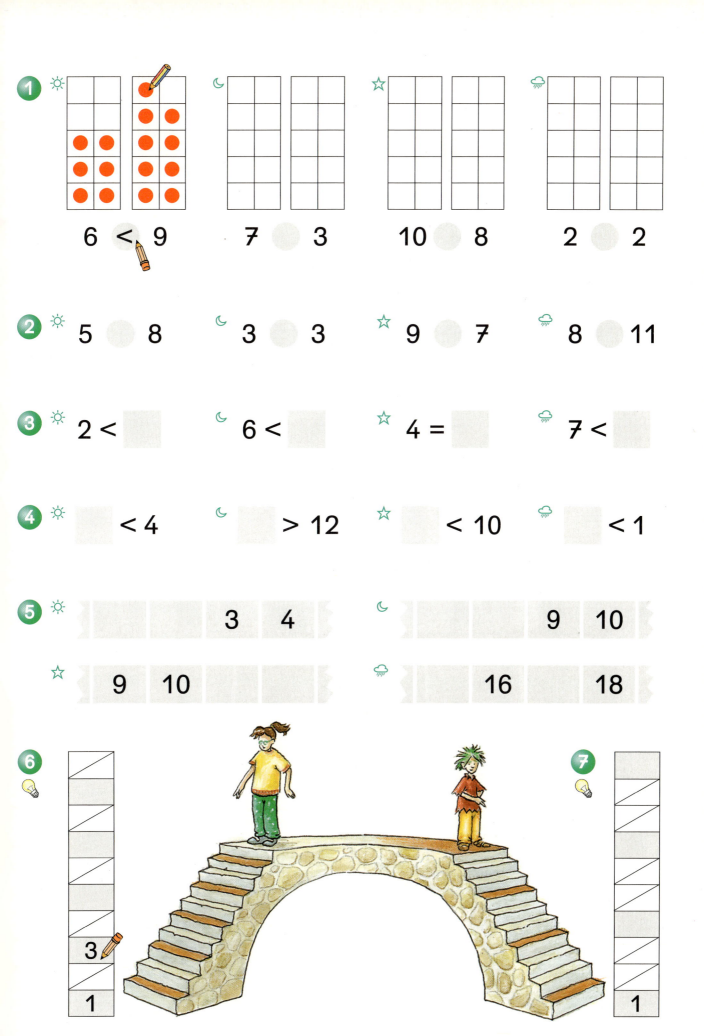

1 ☀ 6 < 9   ☾ 7 __ 3   ☆ 10 __ 8   ☔ 2 __ 2

2 ☀ 5 __ 8   ☾ 3 __ 3   ☆ 9 __ 7   ☔ 8 __ 11

3 ☀ 2 < ☐   ☾ 6 < ☐   ☆ 4 = ☐   ☔ 7 < ☐

4 ☀ ☐ < 4   ☾ ☐ > 12   ☆ ☐ < 10   ☔ ☐ < 1

5 ☀ __ __ 3 4 __   ☾ __ __ 9 10 __

☆ __ 9 10 __ __   ☔ __ __ 16 __ 18 __

6 ☐ / ☐ / ☐ / ☐ / ☐ / ☐ / 3 / ☐ / 1

7 ☐ / ☐ / ☐ / ☐ / ☐ / ☐ / ☐ / ☐ / 1

26 26

❶ – ❹ Anzahlen und Zahlen miteinander vergleichen, die Zeichen <, >, = einsetzen
❺ Vorgänger und Nachfolger in Zahlenreihen bestimmen und schreiben
❻ ❼ Zahlenfolgen fortsetzen

17

1.

Ordnungszahlen bei der
Festlegung von Reihenfolgen gebrauchen

27 27

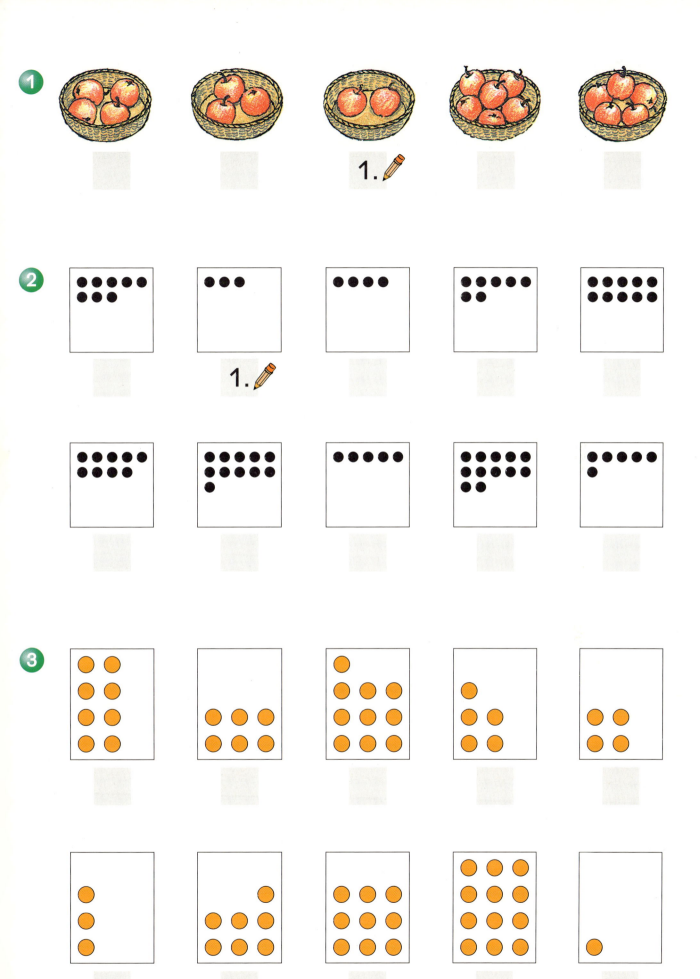

1

1. 🖉

2

1. 🖉

3

1.

3

1	2						8				

12		10									

Zahlenfolgen durchlaufen
❷ Bei Hausnummern die Verteilung nach geraden und ungeraden
Nummern beachten

28 28

0	🌼	1	🐟	2		3		4		5

10		9		8		7		6	

	11		12		13	

Ein Labyrinth mit Hilfe der geordneten Zahlen von 0 – 13 durchlaufen;
den vorgeschriebenen Weg mit Symbolen kennzeichnen;
Zahlen und Ordnungszahlen erfassen

Lernplateau: Die Zahlen bis 10;
das erworbene Wissen überprüfen

28 28

1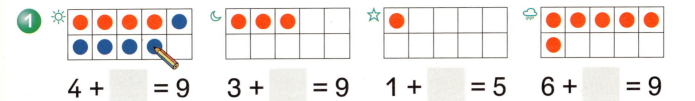

$4 + \boxed{} = 9$ $3 + \boxed{} = 9$ $1 + \boxed{} = 5$ $6 + \boxed{} = 9$

2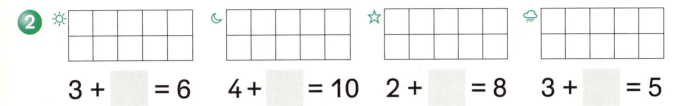

$3 + \boxed{} = 6$ $4 + \boxed{} = 10$ $2 + \boxed{} = 8$ $3 + \boxed{} = 5$

3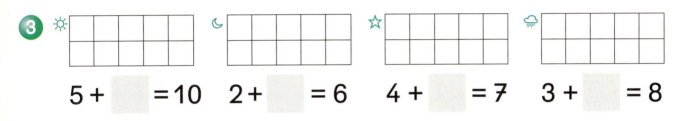

$5 + \boxed{} = 10$ $2 + \boxed{} = 6$ $4 + \boxed{} = 7$ $3 + \boxed{} = 8$

4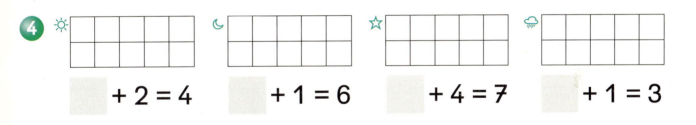

$\boxed{} + 2 = 4$ $\boxed{} + 1 = 6$ $\boxed{} + 4 = 7$ $\boxed{} + 1 = 3$

5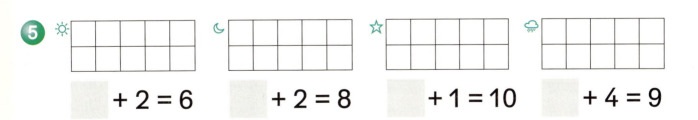

$\boxed{} + 2 = 6$ $\boxed{} + 2 = 8$ $\boxed{} + 1 = 10$ $\boxed{} + 4 = 9$

6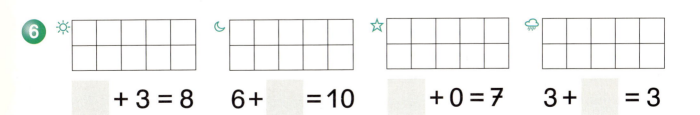

$\boxed{} + 3 = 8$ $6 + \boxed{} = 10$ $\boxed{} + 0 = 7$ $3 + \boxed{} = 3$

Additionen mit wanderndem Platzhalter
auf der ikonischen und symbolischen Ebene ausführen

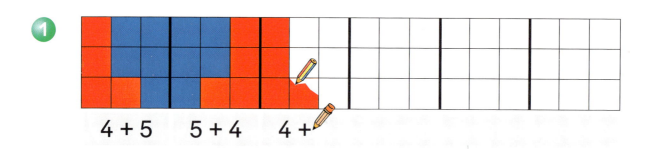

1

4 + 5   5 + 4   4 +

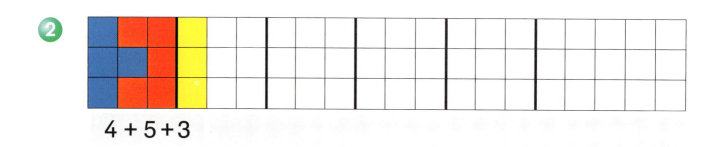

2

4 + 5 + 3

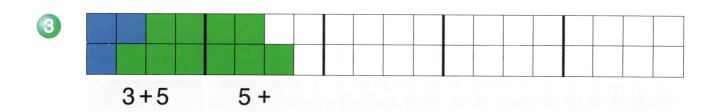

3

3 + 5   5 +

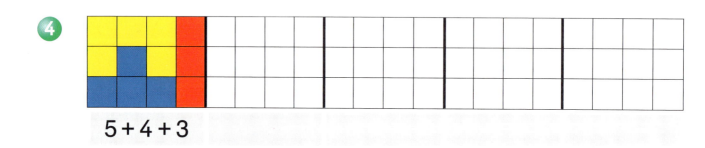

4

5 + 4 + 3

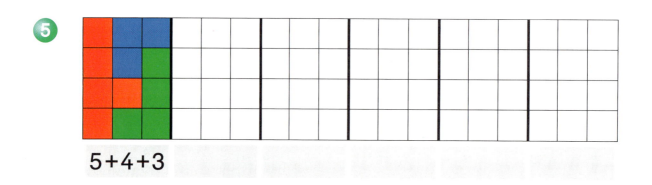

5

5 + 4 + 3

24

Parkettierungen im Gitterfeld; dabei arithmetische Bezüge herstellen;
die einzelnen Flächenteile in ihrer Flächengröße sehen
(Auszählen der Einzelquadrate der Teilflächen) und entsprechend notieren

32 32

1 ☀ 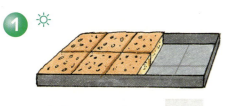   ☾    ☆

10 − 4 = ☐   ☐ − ☐ = ☐   ☐ − ☐ = ☐

2 ☀    ☾    ☆

☐ − ☐ = ☐   ☐ − ☐ = ☐   ☐ − ☐ = ☐

3 ☀    ☾    ☆

☐ − ☐ = ☐   ☐ − ☐ = ☐   ☐ − ☐ = ☐

4

−	4	9	7	5	3	8	6
9	5						

5

−	3	6	1	5	2	7	4
10							

6

−	3	4	2	0			
8					6	7	1

❶ – ❸ Zu bildhaften Darstellungen die Minusaufgaben schreiben und lösen
❹ – ❻ Mit Hilfe von Verknüpfungstafeln Minusaufgaben lösen

37 37   25

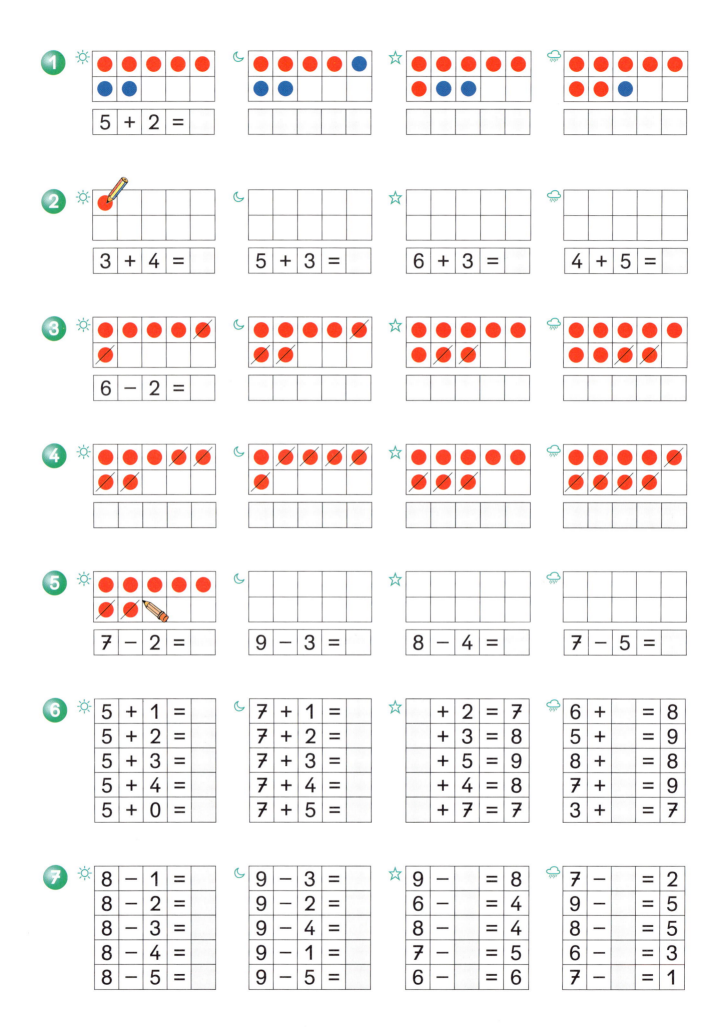

1 ☀ 5 + 2 =   ☾   ☆   ☁

2 ☀ 3 + 4 =   ☾ 5 + 3 =   ☆ 6 + 3 =   ☁ 4 + 5 =

3 ☀ 6 − 2 =   ☾   ☆   ☁

4 ☀   ☾   ☆   ☁

5 ☀ 7 − 2 =   ☾ 9 − 3 =   ☆ 8 − 4 =   ☁ 7 − 5 =

6

☀		☾		☆		☁	
5 + 1 =		7 + 1 =		+ 2 = 7		6 + = 8	
5 + 2 =		7 + 2 =		+ 3 = 8		5 + = 9	
5 + 3 =		7 + 3 =		+ 5 = 9		8 + = 8	
5 + 4 =		7 + 4 =		+ 4 = 8		7 + = 9	
5 + 0 =		7 + 5 =		+ 7 = 7		3 + = 7	

7

☀		☾		☆		☁	
8 − 1 =		9 − 3 =		9 − = 8		7 − = 2	
8 − 2 =		9 − 2 =		6 − = 4		9 − = 5	
8 − 3 =		9 − 4 =		8 − = 4		8 − = 5	
8 − 4 =		9 − 1 =		7 − = 5		6 − = 3	
8 − 5 =		9 − 5 =		6 − = 6		7 − = 1	

26

❶ – ❺ Plus- und Minusaufgaben malen und lösen
❻ ❼ Plus- und Minusaufgaben mit wanderndem Platzhalter lösen

37

1

2

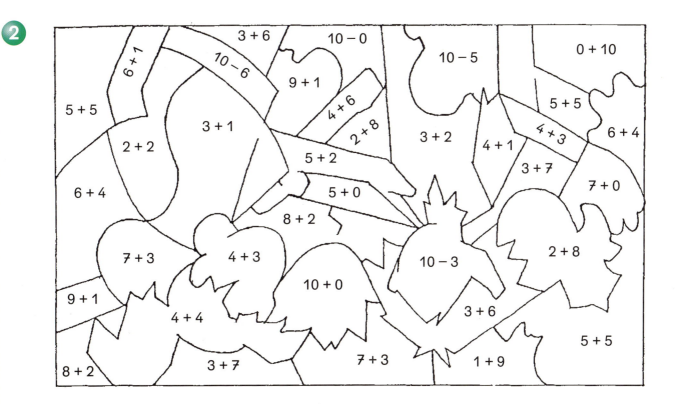

Plus- und Minusaufgaben lösen, die Ergebnisfelder nach Vorschrift ausfärben

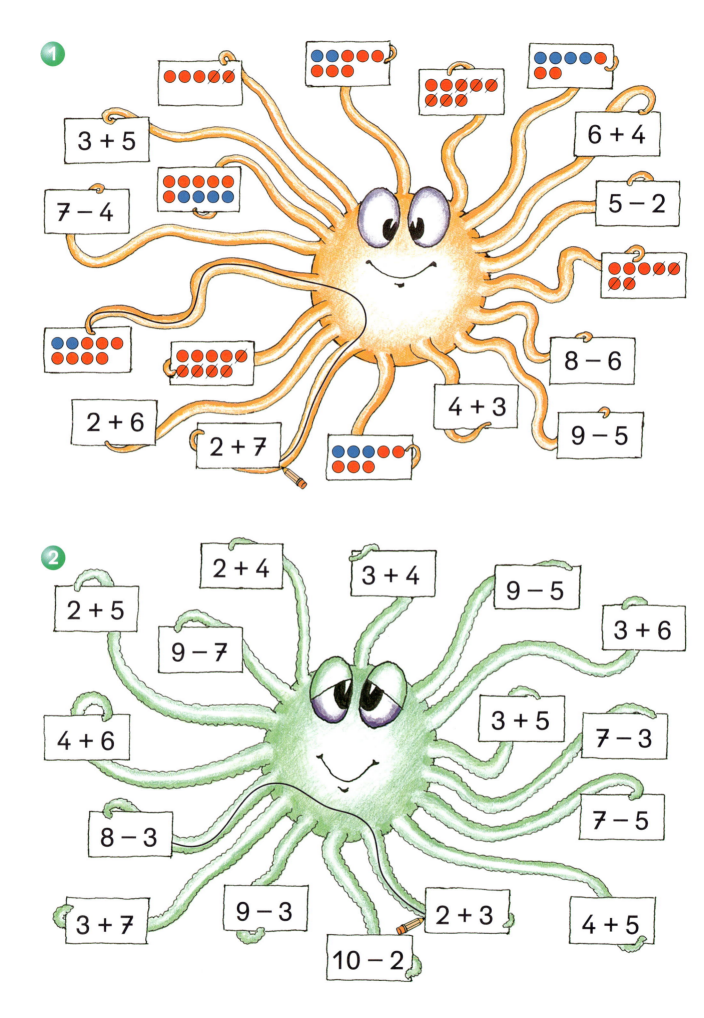

1

3 + 5

7 − 4

2 + 6

2 + 7

6 + 4

5 − 2

8 − 6

9 − 5

4 + 3

2

2 + 5

2 + 4

3 + 4

9 − 5

3 + 6

9 − 7

4 + 6

3 + 5

7 − 3

7 − 5

8 − 3

3 + 7

9 − 3

2 + 3

4 + 5

10 − 2

❶ Terme entsprechenden Punktefeldern zuordnen
❷ Ergebnisgleiche Terme miteinander verbinden

37

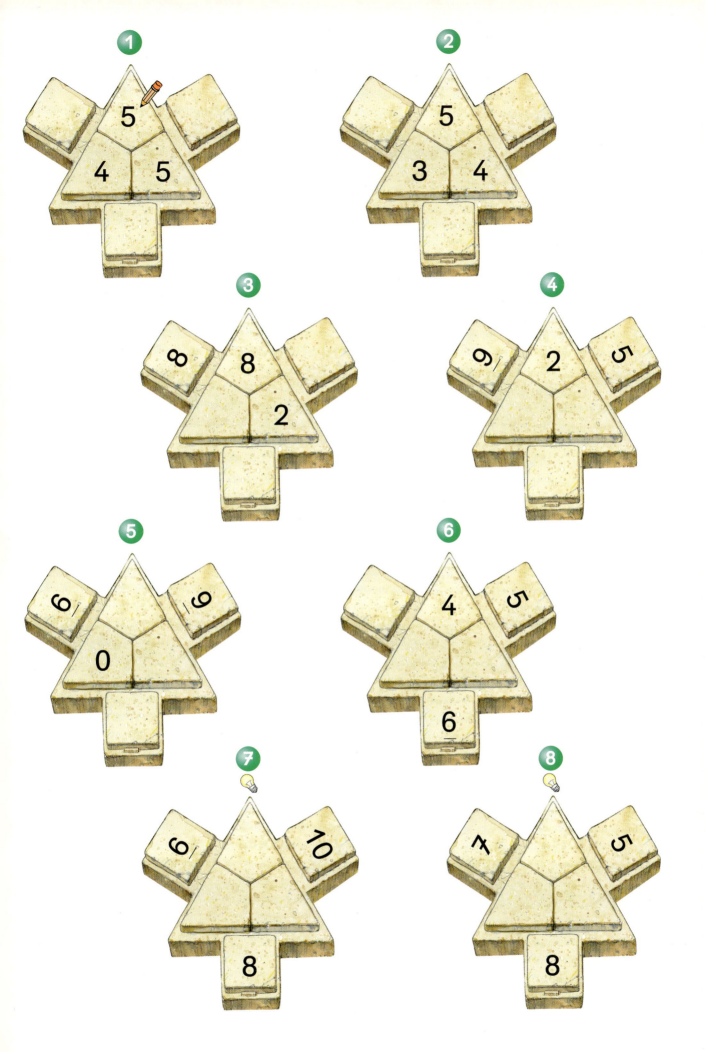

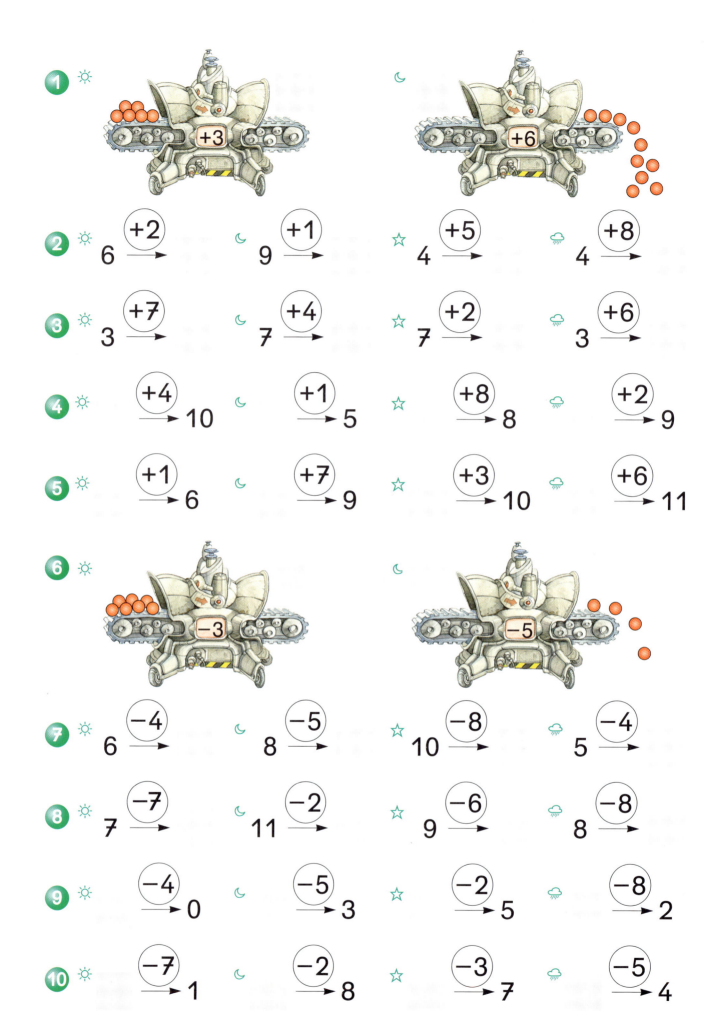

1 ☀ +3 ☾ +6

2 ☀ 6 →(+2)→   ☾ 9 →(+1)→   ☆ 4 →(+5)→   ☂ 4 →(+8)→

3 ☀ 3 →(+7)→   ☾ 7 →(+4)→   ☆ 7 →(+2)→   ☂ 3 →(+6)→

4 ☀ →(+4)→ 10   ☾ →(+1)→ 5   ☆ →(+8)→ 8   ☂ →(+2)→ 9

5 ☀ →(+1)→ 6   ☾ →(+7)→ 9   ☆ →(+3)→ 10   ☂ →(+6)→ 11

6 ☀ −3   ☾ −5

7 ☀ 6 →(−4)→   ☾ 8 →(−5)→   ☆ 10 →(−8)→   ☂ 5 →(−4)→

8 ☀ 7 →(−7)→   ☾ 11 →(−2)→   ☆ 9 →(−6)→   ☂ 8 →(−8)→

9 ☀ →(−4)→ 0   ☾ →(−5)→ 3   ☆ →(−2)→ 5   ☂ →(−8)→ 2

10 ☀ →(−7)→ 1   ☾ →(−2)→ 8   ☆ →(−3)→ 7   ☂ →(−5)→ 4

Additionen und Subtraktionen in der Operatordarstellung ausführen;
Anfangs- oder Endzustände bestimmen

42 42

1 ☀  ☾

2 ☀ 6 → 10   ☾ 6 → 3   ☆ 8 → 4   ☁ 3 → 10

3 ☀ 9 → 6   ☾ 7 → 10   ☆ 7 → 0   ☁ 7 → 5

4 ☀ 9 → 2   ☾ 0 → 8   ☆ 10 → 3   ☁ 12 → 8

5 ☀ 3 → 4   ☾ 7 → 5   ☆ 8 → 2   ☁ 3 → 8

6

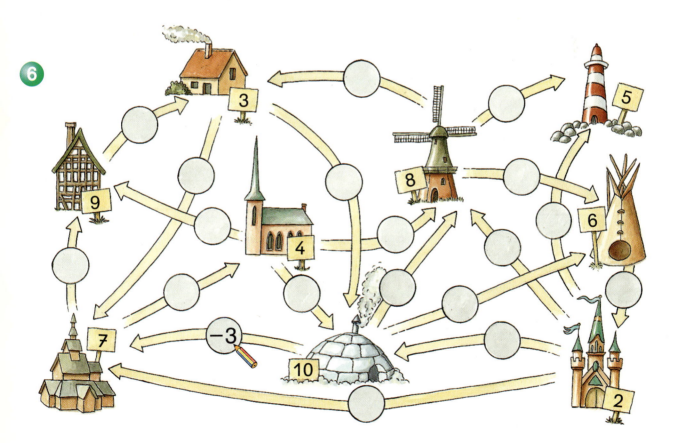

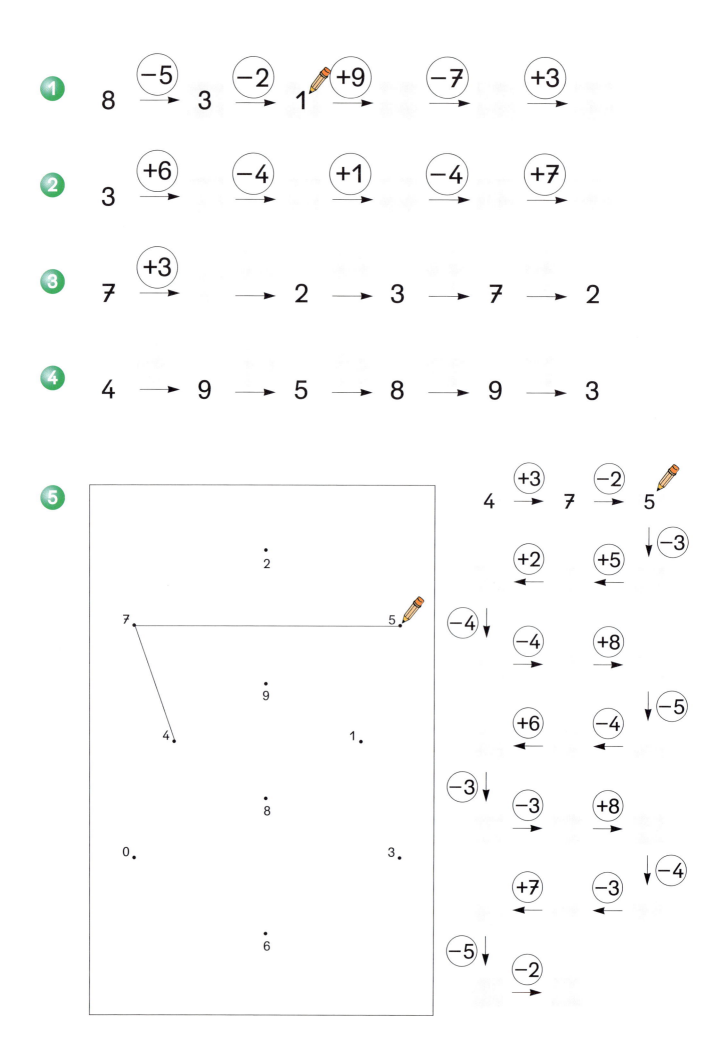

1   8 $\xrightarrow{-5}$ 3 $\xrightarrow{-2}$ 1 $\xrightarrow{+9}$ $\xrightarrow{-7}$ $\xrightarrow{+3}$

2   3 $\xrightarrow{+6}$ $\xrightarrow{-4}$ $\xrightarrow{+1}$ $\xrightarrow{-4}$ $\xrightarrow{+7}$

3   7 $\xrightarrow{+3}$ $\longrightarrow$ 2 $\longrightarrow$ 3 $\longrightarrow$ 7 $\longrightarrow$ 2

4   4 $\longrightarrow$ 9 $\longrightarrow$ 5 $\longrightarrow$ 8 $\longrightarrow$ 9 $\longrightarrow$ 3

5

❶ – ❹ Operatorketten in der Verknüpfung von Plus- und Minusoperatoren vervollständigen
❺ Die Richtigkeit der Lösungen überprüfen durch Verbinden der Ergebniszahlen
zu einer zusammenhängenden Figur aus Dreiecken

42

1

9 − 3	3 + 4	10 − 5	2 + 5	9 − 5	8 − 3	2 + 4

< oder = oder > ?

2

☀ 9 ◯ 10 − 4	☾ 5 − 4 ◯ 8	☆ 7 ◯ 10 − 4
9 ◯ 3 + 7	7 − 5 ◯ 4	9 ◯ 3 + 7
9 ◯ 4 + 3	9 − 6 ◯ 4	8 ◯ 4 + 3
9 ◯ 10 − 6	7 − 3 ◯ 4	6 ◯ 10 − 6

3

3 + 5	◯	7 − 1	◯	10 − 4	◯	5 + 3
9 − 3	◯	4 + 3	◯	5 + 4	◯	4 + 4
3 + 7	◯	2 + 6	◯	2 + 5	◯	9 − 2
9 − 4	◯	8 − 3	◯	9 − 5	◯	10 − 3
6 + 3	◯	8 − 2	◯	10 − 5	◯	2 + 3

43 43

Gleichungen oder Ungleichungen bilden durch richtiges Zuordnen von Termen
bzw. durch Einsetzen der Zeichen <, >, =

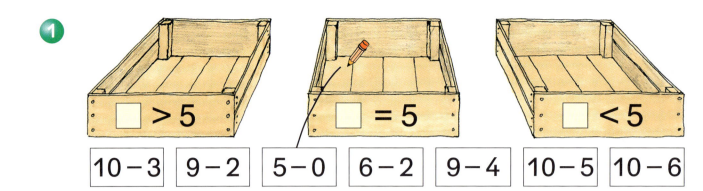

1

$\square > 5$ $\square = 5$ $\square < 5$

| $10-3$ | $9-2$ | $5-0$ | $6-2$ | $9-4$ | $10-5$ | $10-6$ |

$<$ oder $=$ oder $>$?

2 ☼
$5+3 \quad 8$	$6-2 \quad 4$	$3+3 \quad 6$
$7-1 \quad 8$	$8-3 \quad 4$	$2+5 \quad 6$
$2+7 \quad 8$	$9-5 \quad 4$	$9-4 \quad 6$
$3+4 \quad 8$	$8-5 \quad 4$	$8-2 \quad 6$

3 ☼
$3+7 \quad 10$	$10-2 \quad 7$	$10-1 \quad 9$
$4+5 \quad 10$	$3+4 \quad 7$	$6+2 \quad 9$
$8+2 \quad 10$	$5+1 \quad 7$	$2+7 \quad 9$
$6+4 \quad 10$	$8-1 \quad 7$	$5+5 \quad 9$

4 ☼
$4-1 \quad 5$	$5+2 \quad 7$	$7-2 \quad 9$
$5+3 \quad 7$	$10-9 \quad 8$	$6+4 \quad 8$
$4-2 \quad 2$	$6-5 \quad 0$	$7-5 \quad 2$
$8-8 \quad 1$	$9-0 \quad 9$	$8-3 \quad 4$
$6-4 \quad 3$	$3+4 \quad 6$	$5+4 \quad 9$
$7+3 \quad 9$	$2+6 \quad 9$	$9-5 \quad 3$

34

Gleichungen oder Ungleichungen bilden
durch richtiges Zuordnen von Termen bzw.
durch Einsetzen der Zeichen $<$, $>$, $=$

43 43

1

6 − ◻ > 2

| 0 | 1 | 2 | 3 | 4 | 5 | 6 |

Richtig:
| 0 | 1 |

2

Richtig:

4 + ◻ < 7

| 0 | 1 | 2 | 3 | 4 | 5 | 6 |

3

6 < 10 − ◻

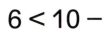
| 0 | 1 | 2 | 3 | 4 | 5 | 6 |

Richtig:

4

Richtig:

9 − ◻ = 5

| 0 | 1 | 2 | 3 | 4 | 5 | 6 |

5

◻ − 4 > 4

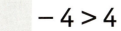
| 4 | 5 | 6 | 7 | 8 | 9 | 10 |

Richtig:

1 Was gehört zusammen?

2 Vorsicht! Falschgeld!

3 Schreibe die richtigen Zahlen.

36

❶ Vorder- und Rückseiten der Münzen verbinden
❷ Falsche Münzen durchstreichen
❸ Entsprechende Zahlen in die Münzen schreiben

1 Was würdest du für 10 Euro kaufen? Bilde Aufgaben.

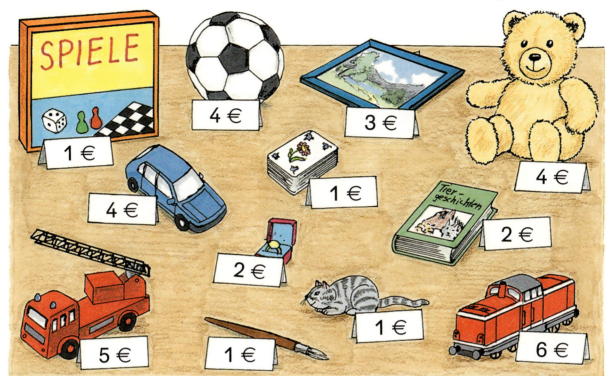

2

Cent	Cent	Cent	Cent

3

Euro	Euro	Euro	Euro

4 Mit welchen Münzen hast du bezahlt?

   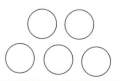

8 Euro	10 Euro	10 Cent	5 Cent

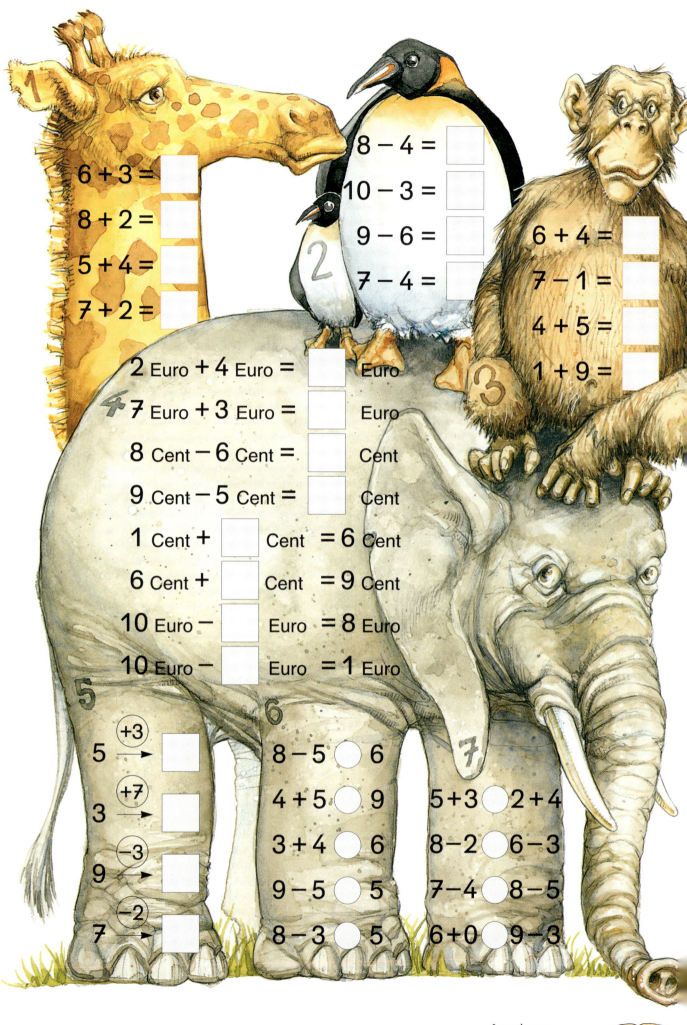

1 (Giraffe)
$6 + 3 = \square$
$8 + 2 = \square$
$5 + 4 = \square$
$7 + 2 = \square$

2 (Pinguin)
$8 - 4 = \square$
$10 - 3 = \square$
$9 - 6 = \square$
$7 - 4 = \square$

3 (Affe)
$6 + 4 = \square$
$7 - 1 = \square$
$4 + 5 = \square$
$1 + 9 = \square$

4
$2 \text{ Euro} + 4 \text{ Euro} = \square \text{ Euro}$
$7 \text{ Euro} + 3 \text{ Euro} = \square \text{ Euro}$
$8 \text{ Cent} - 6 \text{ Cent} = \square \text{ Cent}$
$9 \text{ Cent} - 5 \text{ Cent} = \square \text{ Cent}$
$1 \text{ Cent} + \square \text{ Cent} = 6 \text{ Cent}$
$6 \text{ Cent} + \square \text{ Cent} = 9 \text{ Cent}$
$10 \text{ Euro} - \square \text{ Euro} = 8 \text{ Euro}$
$10 \text{ Euro} - \square \text{ Euro} = 1 \text{ Euro}$

5
$5 \xrightarrow{+3} \square$
$3 \xrightarrow{+7} \square$
$9 \xrightarrow{-3} \square$
$7 \xrightarrow{-2} \square$

6
$8 - 5 \;\bigcirc\; 6$
$4 + 5 \;\bigcirc\; 9$
$3 + 4 \;\bigcirc\; 6$
$9 - 5 \;\bigcirc\; 5$
$8 - 3 \;\bigcirc\; 5$

7
$5 + 3 \;\bigcirc\; 2 + 4$
$8 - 2 \;\bigcirc\; 6 - 3$
$7 - 4 \;\bigcirc\; 8 - 5$
$6 + 0 \;\bigcirc\; 9 - 3$

Lernplateau:
Addition und Subtraktion bis 10;
das Wissen überprüfen

48 48

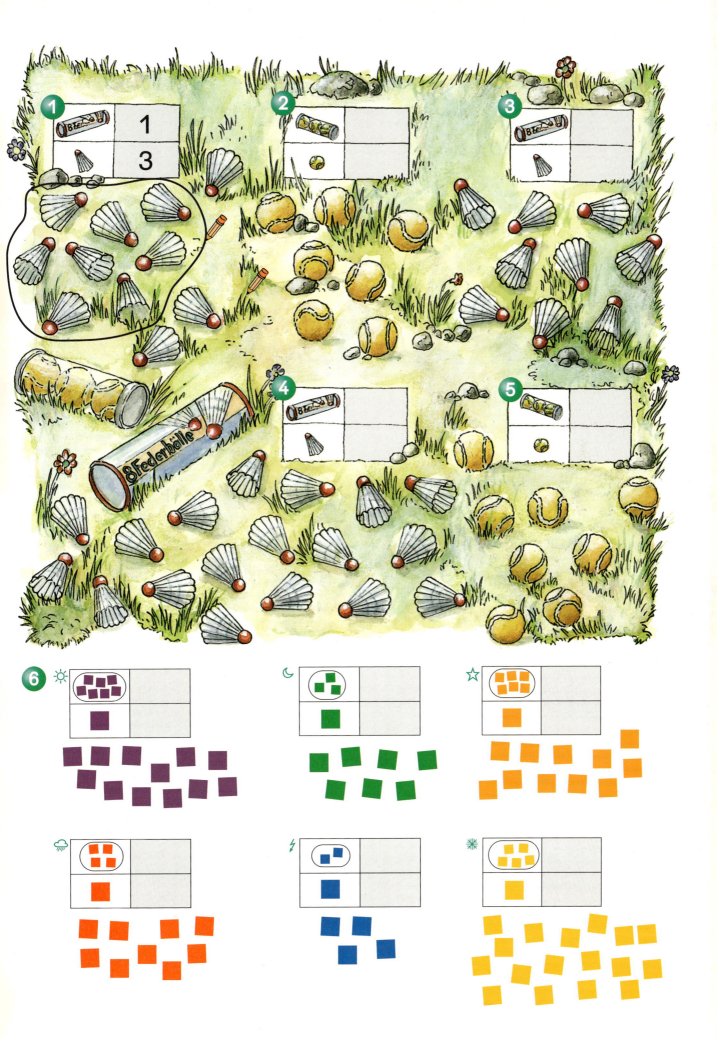

Zehner	
Einer	

Zehner	
Einer	

Zehner	
Einer	

Zehner	
Einer	

Zu Zehnern und Einern bündeln;
Anzahl der Zehner und Einer eintragen

51 51

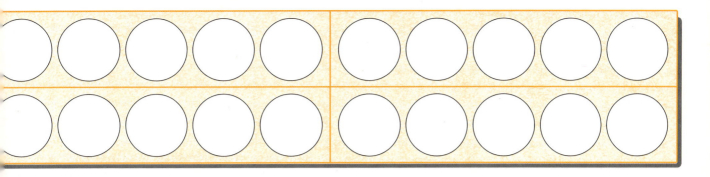

Lege mit Plättchen.

1 ☀ 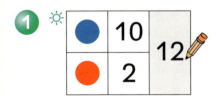 🌙 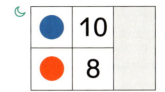 ☆ 10 / 4

2 ☀ 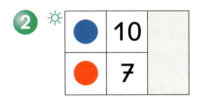 🌙 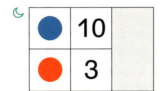 ☆ 10 / 9

3 ☀  15 / 5 🌙  ☆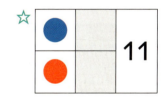

4 ☀ 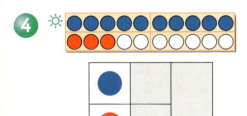 🌙 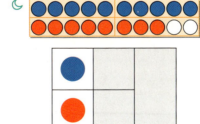 ☆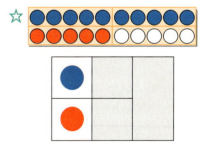

5 ☀ 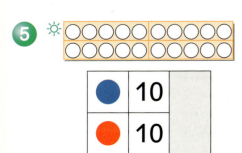 🌙 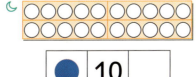  ☆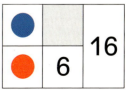

❶ – ❸ Im Zwanzigerfeld Anzahlen der Form 10 + x mit Legeplättchen legen und die Zahlen schreiben
❹ ❺ Zu Mengendarstellungen die Zahlschreibweise finden bzw.
zur Zahlschreibweise die Mengendarstellung finden, alles ohne Zehnerübergang

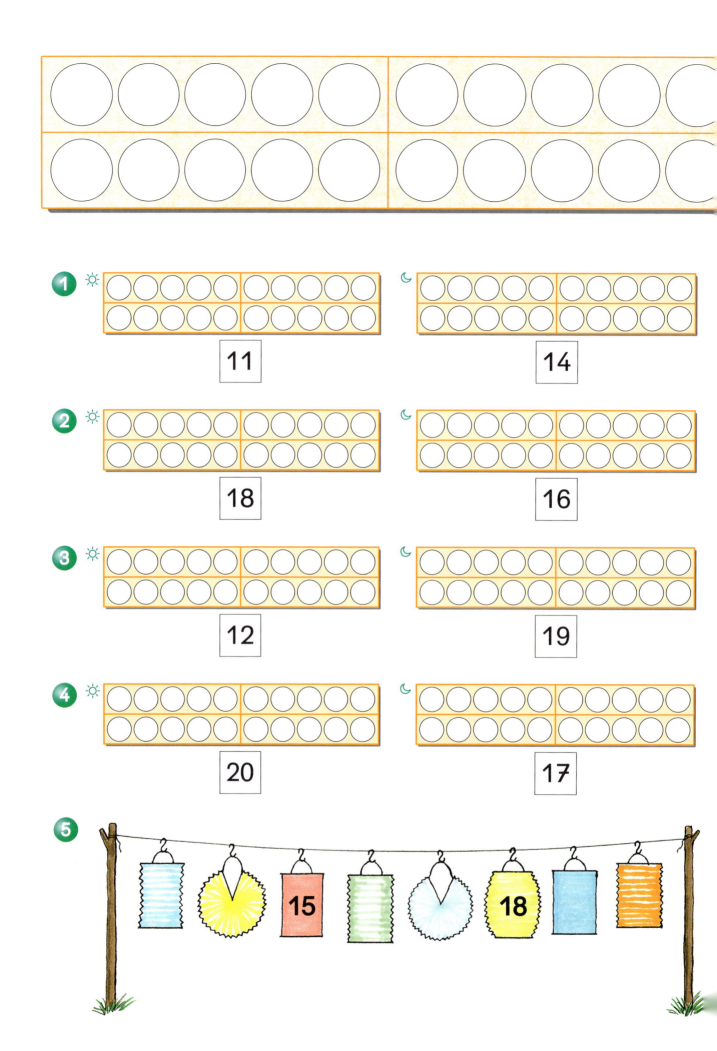

1 ☀ 11   ☾ 14

2 ☀ 18   ☾ 16

3 ☀ 12   ☾ 19

4 ☀ 20   ☾ 17

5

15   18

42

❶ – ❹ Zahlen bis 20 mit Plättchen legen;
Punktefelder nach Vorgabe malen
❺ Fehlende Zahlen einschreiben

53

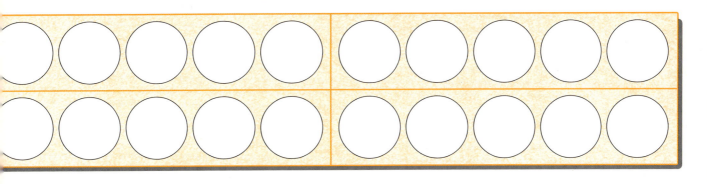

Lege mit Plättchen.

1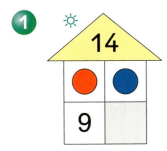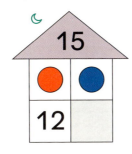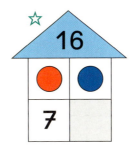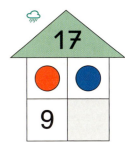

2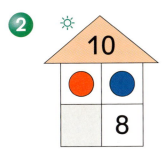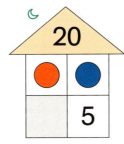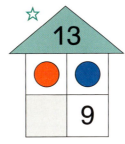

3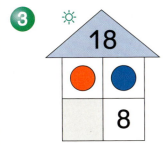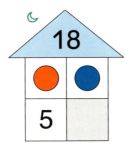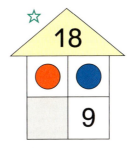

4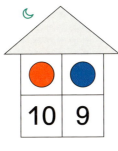

5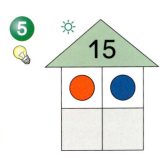

Weiterarbeit zu Seite 41, jetzt aber mit Zehnerübergängen;
mit Plättchen legen und ohne Zwang zur Zehnerergänzung

1

14 = ___ Z + ___ E

16 = ___ Z + ___ E

19 = ___ Z + ___ E

17 = ___ Z + ___ E

12 = ___ Z + ___ E

18 = ___ Z + ___ E

11 = ___ Z + ___ E

2

1 Z + 3 E = ___

2 Z + 0 E = ___

1 Z + 8 E = ___

1 Z + 2 E = ___

1 Z + 5 E = ___

1 Z + 7 E = ___

1 Z + 1 E = ___

3

1 Z + ___ E = 16

1 Z + ___ E = 14

2 Z + ___ E = 20

1 Z + ___ E = 19

1 Z + ___ E = 13

1 Z + ___ E = 15

1 Z + ___ E = 10

44

1

Z	E
1	3

 $10 + 3 =$ ☐

Z	E
1	6

☐ $+$ ☐ $=$ ☐

Z	E
1	4

☐ $+$ ☐ $=$ ☐

Z	E
1	2

☐ $+$ ☐ $=$ ☐

Z	E
1	1

☐ $+$ ☐ $=$ ☐

2

Z	E
1	8

☐ $+$ ☐ $=$ ☐

Z	E
1	7

☐ $+$ ☐ $=$ ☐

Z	E
1	9

☐ $+$ ☐ $=$ ☐

Z	E
1	5

☐ $+$ ☐ $=$ ☐

Z	E
1	0

☐ $+$ ☐ $=$ ☐

3

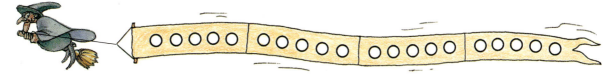

☀ $20 = 10 +$ ☐   ☾ $14 = 10 +$ ☐   ☆ $10 = 18 -$ ☐

$13 = 10 +$ ☐ $16 = 10 +$ ☐ $10 = 16 -$ ☐

$18 = 10 +$ ☐ $11 = 10 +$ ☐ $10 = 12 -$ ☐

$12 = 10 +$ ☐ $17 = 10 +$ ☐ $10 = 17 -$ ☐

$15 = 10 +$ ☐ $19 = 10 +$ ☐ $10 = 13 -$ ☐

4 Rechne in deinem Heft.

☀ $10 + 7 =$ ☐   ☾ $10 + 2 =$ ☐   ☆ $15 - 5 =$ ☐   ☁ $13 - 3 =$ ☐

$10 + 3 =$ ☐ $10 + 8 =$ ☐ $18 - 8 =$ ☐ $17 - 7 =$ ☐

$10 + 9 =$ ☐ $10 + 1 =$ ☐ $12 - 2 =$ ☐ $11 - 1 =$ ☐

$10 + 4 =$ ☐ $10 + 5 =$ ☐ $10 - 0 =$ ☐ $19 - 9 =$ ☐

$10 + 6 =$ ☐ $10 + 10 =$ ☐ $14 - 4 =$ ☐ $16 - 6 =$ ☐

1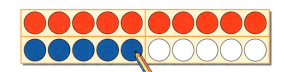

15 = 10 +

15 = 12 +

15 = 14 +

15 =   + 13

2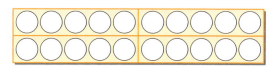

19 = 10 +

19 = 15 +

19 =   + 8

19 =   +

3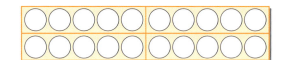

17 = 10 +

17 = 16

17 =   11

17 =

4

20 = 10 +

20 = 14

20 =   17

20 =

5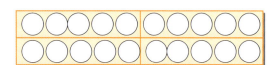

16 = 10 +

16 =   + 14

16 = 13 +

16 =   +

6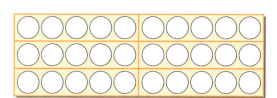

28 = 20 +

28 =   + 10

28 = 25 +

28 =   +

Zahlzerlegungen;
verschiedene Zerlegungsmöglichkeiten von ausgewählten Zehner-Einer-Zahlen;
das Punktefeld wird dabei als optische Unterstützung angeboten

54

1

Cent	
1	5

Cent	
1	3

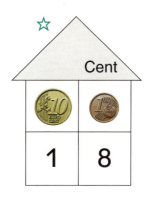
Cent	
1	8

Cent	
1	4

2

16 €

1	

12 €

1	

19 €

1	

11 €

1	

3

17 Cent

15 Cent

19 Cent

10 Cent
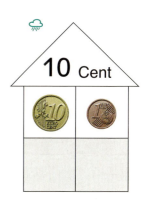

4

23 €

2	

45 €
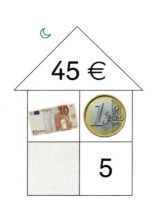
	5

34 €
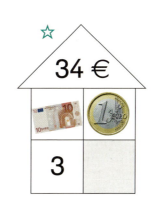
3	

71 €
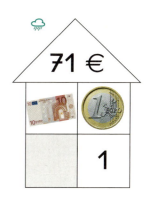
	1

55 55

Zerlegen von Geldbeträgen;
in Stellenwerttabellen mit Münzwerten
(10 Cent und 1 Cent bzw. 10 Euro und 1 Euro) notieren

47

Labyrinth: Die Zahlenfolge von 0 bis 24 soll gefunden werden;
Zählübungen

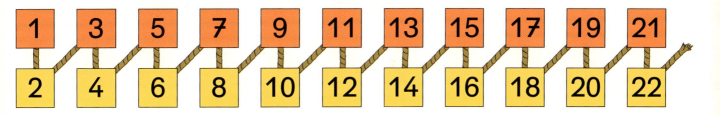

1	3	5	7	9	11	13	15	17	19	21
2	4	6	8	10	12	14	16	18	20	22

1 Nina und Pop schneiden Zahlenfelder aus.

2 Trage die fehlenden Zahlen ein.

☀ | 0 | | 2 | | | | | | | | |

☾ | 10 | | | | | | | | | | |

3 Trage die fehlenden Zahlen ein und färbe die Zettel.

☀ | | | | | | 12 | | | | | |

☾ | | | | | | 20 | | | | | |

57 57

Gerade und ungerade Zahlen
❶ Begriffe durch Vergleichen von Zahlenfeldern klären; selbst Zahlenfelder ausschneiden
❷ ❸ Zahlen eintragen und Zettel färben

49

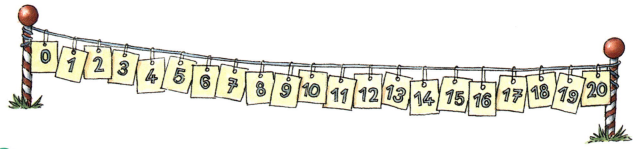

1 Finde die fehlenden Zahlen.

☼	9	10	

☾	12	13	

☆	18		

☂	6		

		14	

			20

			3

	14		

	11		

			17

			9

			18

2 Welche Zahl folgt?

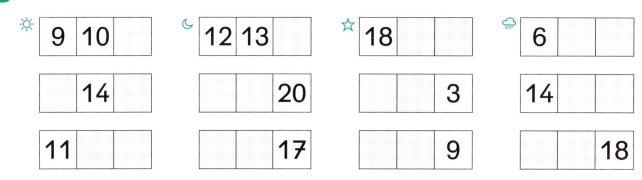

☼ 7 / 17

☾ 1 / 11

☆ 5 / 15

☂ 10 / 20

⚡ 4 / 14

3 Welche Zahl geht voraus?

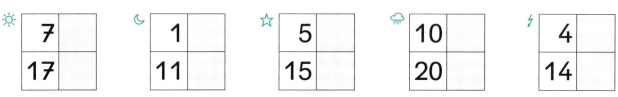

☼ 9 / 19

☾ 6 / 16

☆ 1 / 11

☂ 3 / 13

⚡ 2 / 12

4 Zahlenfolgen

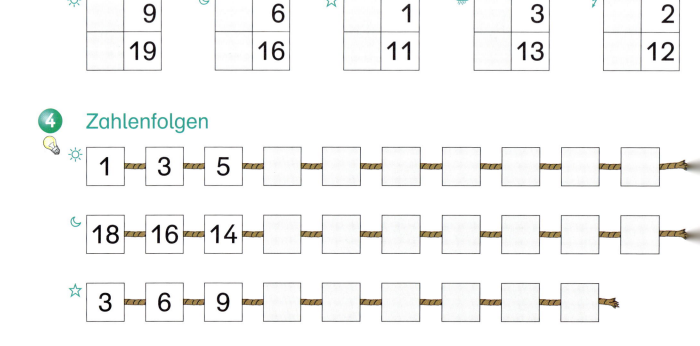

☼ 1 — 3 — 5 — □ — □ — □ — □ — □ — □ — □

☾ 18 — 16 — 14 — □ — □ — □ — □ — □ — □ — □

☆ 3 — 6 — 9 — □ — □ — □ — □ — □ — □

☂ 28 — 24 — 20 — □ — □ — □ — □ — □

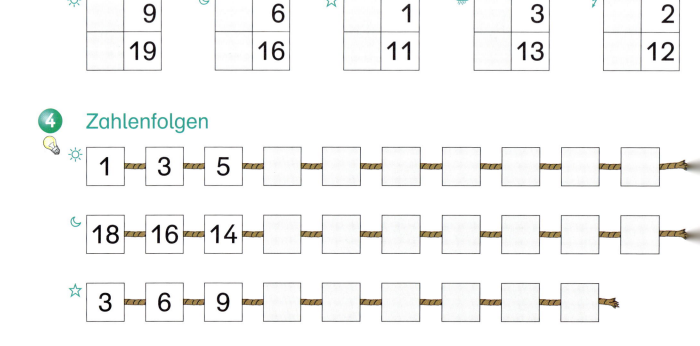

❶ – ❸ Vorgänger und Nachfolger am Zahlenband finden und aufschreiben
❹ Zahlenfolgen bilden (Vorbereitung von Einmaleinsreihen)

57 57

Male die passenden Kugeln aus.

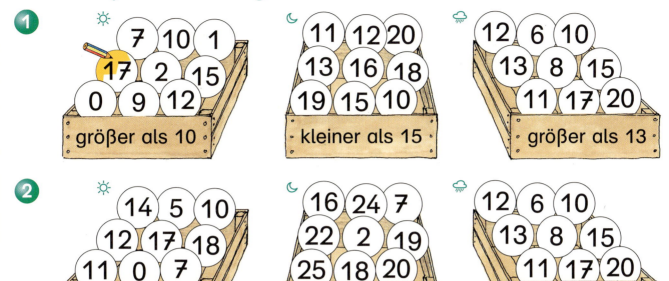

1

☀
7 10 1
17 2 15
0 9 12
· größer als 10 ·

☾
11 12 20
13 16 18
19 15 10
· kleiner als 15 ·

☁
12 6 10
13 8 15
11 17 20
· größer als 13 ·

2

☀
14 5 10
12 17 18
11 0 7
· kleiner als 10 ·

☾
16 24 7
22 2 19
25 18 20
· größer als 20 ·

☁
12 6 10
13 8 15
11 17 20
· kleiner als 7 ·

Ordne nach der Größe.

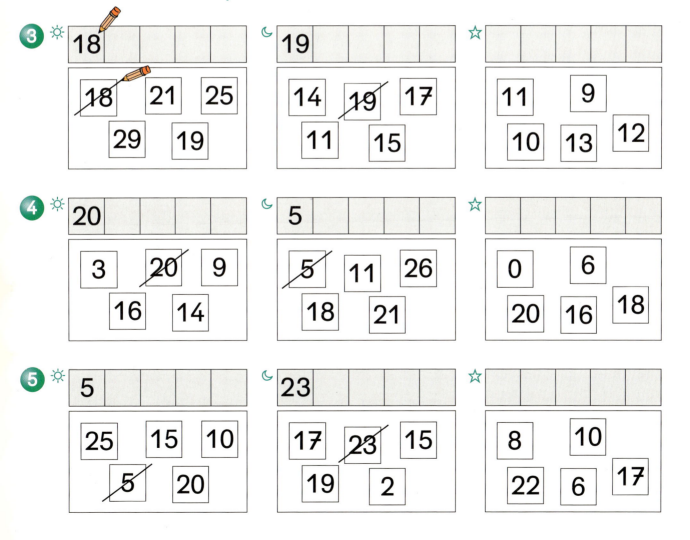

3

☀
| 18 | | | |

18 21 25
29 19

☾
| 19 | | | |

14 ~~19~~ 17
11 15

☆
| | | | |

11 9
10 13 12

4

☀
| 20 | | | |

3 ~~20~~ 9
16 14

☾
| 5 | | | |

~~5~~ 11 26
18 21

☆
| | | | |

0 6
20 16 18

5

☀
| 5 | | | |

25 15 10
~~5~~ 20

☾
| 23 | | | |

17 ~~23~~ 15
19 2

☆
| | | | |

8 10
22 6 17

< oder = oder >?

1 ☀ 11 < 15   ☾ 20 ⬚ 18

14 ⬚ 12   18 ⬚ 18

10 ⬚ 13   16 ⬚ 19

16 > 14

2 ☀ 13 ⬚ 16   ☾ 15 ⬚ 12

17 ⬚ 14   20 ⬚ 14

15 ⬚ 15   17 ⬚ 13

Finde passende Zahlen.

3 ☀ 7 < 8   ☾ 16 < 17

7 < ⬚   ⬚ < 17

7 < ⬚   ⬚ < 17

7 < ⬚   ⬚ < 17

4 ☀ 18 > ⬚   ☾ ⬚ > 12

18 > ⬚   ⬚ > 12

18 > ⬚   ⬚ > 12

18 > ⬚   ⬚ > 12

Größer-Kleiner-Relation;
Zwanzigerstreifen und Bleistift als Hilfe nutzen

59 59

Es sollen immer 20 Punkte werden.

1 ☀ 13 + 7 = 20 🖊   🌙   ☆   🌧

2 ☀   🌙   ☆   🌧

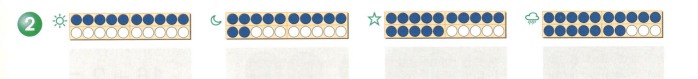

3 ☀   🌙   ☆   🌧

4 ☀   🌙   ☆   🌧

5 ☀ 14 + ⬜ = 20   ☆ 20 = 11 + ⬜

17 + ⬜ = 20   20 = 16 + ⬜

10 + ⬜ = 20   20 = 3 + ⬜

19 + ⬜ = 20   20 = 0 + ⬜

 7 + ⬜ = 20   20 = 20 + ⬜

6 Schreibe nur die **geraden** Zahlen auf.

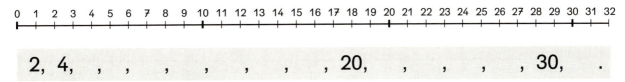

2, 4, , , , , , , , 20, , , , , 30, .

5 + 3 =

15 + 3 =

6 + 2 =

16 + 2 =

4 + 5 =

14 + 5 =

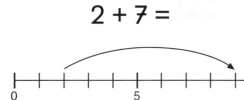   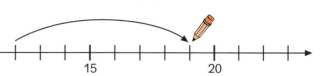

2 + 7 =   12 + 7 =

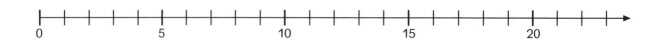

5

3 + 5 =   13 + 5 =

6

7 + 2 =   17 + 2 =

Verwandte Aufgaben zum Lösen von Plusaufgaben im zweiten Zehner nutzen;
mit Münzen und am Zahlenstrahl (Bewegung nach rechts) darstellen

62 61

1

$8 - 3 =$

$18 - 3 =$

2

$7 - 4 =$

$17 - 4 =$

3

$9 - 5 =$

$19 - 5 =$

4 $\quad 9 - 3 =$ $\qquad\qquad 19 - 3 =$

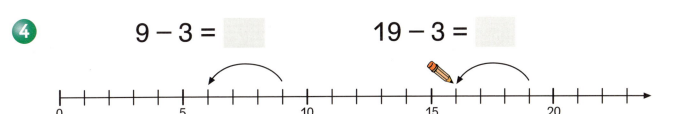

5 $\quad 6 - 2 =$ $\qquad\qquad 16 - 2 =$

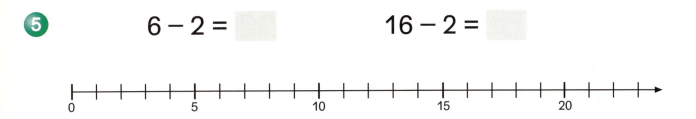

6 $\quad 8 - 6 =$ $\qquad\qquad 18 - 6 =$

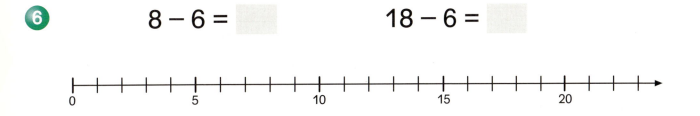

1

$3 + 6 =$

$13 + 6 =$

2 ☀ $6 + 3 =$ ☾ $2 + 1 =$ ☆ $5 + 4 =$

$16 + 3 =$ $12 + 1 =$ $15 + 4 =$

3

$6 - 4 =$

$16 - 4 =$

4 ☀ $9 - 6 =$ ☾ $7 - 5 =$ ☆ $8 - 4 =$

$19 - 6 =$ $17 - 5 =$ $18 - 4 =$

5 ☀ $5 - 4 = \square$ ☾ $2 + 4 = \square$ ☆ $7 + 3 = \square$ ☁ $8 - 0 = \square$

▱ $15 - 4 = \square$ $12 + 4 = \square$ $17 + 3 = \square$ $18 - 0 = \square$

$9 - 8 = \square$ $6 + 4 = \square$ $5 + 2 = \square$ $7 - 5 = \square$

$19 - 8 = \square$ $16 + 4 = \square$ $15 + 2 = \square$ $17 - 5 = \square$

6 ☀ $4 + = 8$ ☾ $3 + = 7$ ☆ $2 + = 8$

$14 + = 18$ $13 + = 17$ $12 + = 18$

$7 - = 7$ $9 - = 4$ $8 - = 3$

$17 - = 17$ $19 - = 14$ $18 - = 13$

7 ☀ $14 + 6 = \square$ ☾ $13 + 2 = \square$ ☆ $15 - 1 = \square$ ☁ $18 - 3 = \square$

▱ $12 + 5 = \square$ $11 + 6 = \square$ $17 - 2 = \square$ $16 - 4 = \square$

Vermischte Plus- und Minusaufgaben
über die verwandten Aufgaben lösen

63 63

①

☀ 2 ◯ 5	🌙 3 ◯ 7	☆ 9 ◯ 10	🌧 3 ◯ 1
12 ◯ 15	13 ◯ 17	19 ◯ 20	13 ◯ 11
7 ◯ 4	4 ◯ 9	6 ◯ 1	8 ◯ 8
17 ◯ 14	14 ◯ 19	16 ◯ 11	18 ◯ 18

②

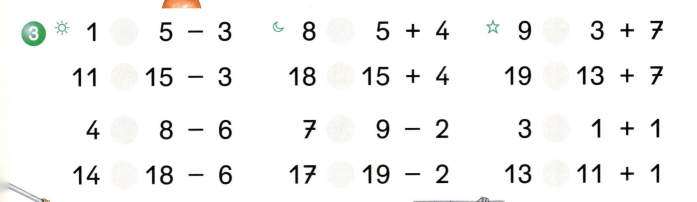

☀ 13 ◯ 10	🌙 18 ◯ 18	☆ 20 ◯ 19	🌧 17 ◯ 4
15 ◯ 17	14 ◯ 11	13 ◯ 18	20 ◯ 10
9 ◯ 19	16 ◯ 19	12 ◯ 11	0 ◯ 10
17 ◯ 12	15 ◯ 13	4 ◯ 14	10 ◯ 10

③

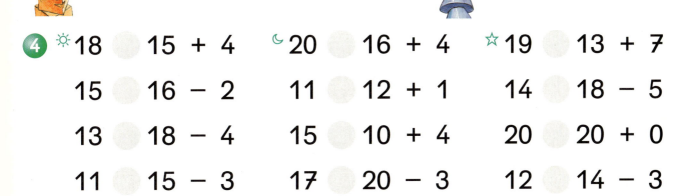

☀ 1 ◯ 5 − 3	🌙 8 ◯ 5 + 4	☆ 9 ◯ 3 + 7
11 ◯ 15 − 3	18 ◯ 15 + 4	19 ◯ 13 + 7
4 ◯ 8 − 6	7 ◯ 9 − 2	3 ◯ 1 + 1
14 ◯ 18 − 6	17 ◯ 19 − 2	13 ◯ 11 + 1

④

☀ 18 ◯ 15 + 4	🌙 20 ◯ 16 + 4	☆ 19 ◯ 13 + 7
15 ◯ 16 − 2	11 ◯ 12 + 1	14 ◯ 18 − 5
13 ◯ 18 − 4	15 ◯ 10 + 4	20 ◯ 20 + 0
11 ◯ 15 − 3	17 ◯ 20 − 3	12 ◯ 14 − 3

11 >   Richtig:

0	2	4		6	8		10
	1	3	5		7	9	

1   17 >   Richtig:

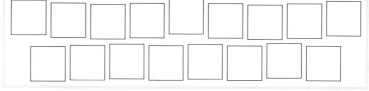

2   < 14   Richtig:

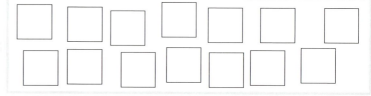

3   14 +   < 20   Richtig:

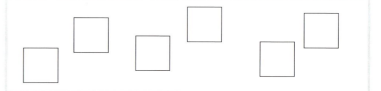

4   20 −   > 13   Richtig:

5   15 +   < 19   Richtig:

6   + 2 < 14   Richtig:

7   − 5 <   5   Richtig:

Ungleichungen lösen durch Schreiben
der passenden Zahlen

65

1 ☼ 11 + 5 = ☐   ☾ 14 + 3 = ☐   ☆ 15 + 2 = ☐

    5 + 11 = ☐   3 + 14 = ☐   2 + 15 = ☐

2 ☼ 3 + 17 = ☐   ☾ 5 + 12 = ☐   ☆ 6 + 13 = ☐

   17 + 3 = ☐   12 + 5 = ☐   13 + 6 = ☐

3 ☼ 4 + 14 = ☐   ☾ 7 + 12 = ☐   ☆ 3 + 15 = ☐   ☂ 2 + 16 = ☐

   7 + 11 = ☐   2 + 17 = ☐   4 + 13 = ☐   3 + 12 = ☐

   4 + 15 = ☐   5 + 11 = ☐   2 + 14 = ☐   4 + 15 = ☐

4 ☼ 17 − 4 = ☐   ☾ 12 + 5 = ☐   ☆ 15 − 4 = ☐

   16 − 3 = ☐   13 + 4 = ☐   16 − 5 = ☐

   15 − 2 = ☐   14 + 3 = ☐   17 − 6 = ☐

5 ☼ 15 + ☐ = 18   ☾ 12 + ☐ = 18   ☆ 20 − ☐ = 18   ☂ 16 − ☐ = 12

   14 + ☐ = 18   11 + ☐ = 15   13 − ☐ = 11   18 − ☐ = 17

   17 + ☐ = 20   13 + ☐ = 17   15 − ☐ = 10   19 − ☐ = 14

   13 + ☐ = 15   16 + ☐ = 19   17 − ☐ = 17   15 − ☐ = 11

Suche passende Aufgaben und schreibe sie ins Heft.

6 10 5 6 16 13 17 15 4 −5 +3 +2 0 13 9 7 15 20 10 18

7 10 12 14 18 20 15 7 3 −4 −3 +5 14 16 9 7 0 20 10 4

8 16 3 14 12 7 8 9 2 −2 +7 +4 1 13 14 19 15 11 0 18

❶ ❷ Tauschaufgaben
❹ Gleiche Differenz / Summe

1

$$3 + 6 + 4 =$$

2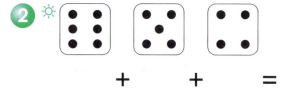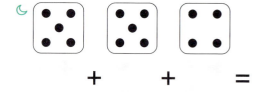

$$+ \quad + \quad =$$ $$+ \quad + \quad =$$

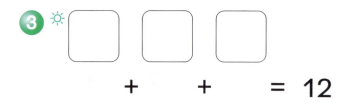 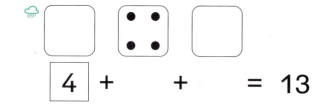

$$+ \quad + \quad = 10$$ $$4 + \quad + \quad = 13$$

3

$$+ \quad + \quad = 12$$ $$+ \quad + \quad = 18$$

4

$8 + 3 + 2 =$	$12 - 4 - 2 =$
$7 + 5 + 5 =$	$13 - 3 - 3 =$
$9 + 3 + 1 =$	$11 - 5 - 1 =$
$6 + 5 + 4 =$	$18 - 7 - 8 =$

5

$18 - 5 - 2 = \square$	$13 + 3 + 3 = \square$	$14 + 6 - 3 = \square$
$18 - 4 - 3 = \square$	$13 + 5 + 1 = \square$	$12 - 2 + 8 = \square$
$18 - 6 - 1 = \square$	$13 + 2 + 4 = \square$	$15 + 3 - 7 = \square$
$18 - 8 - 0 = \square$	$13 + 0 + 6 = \square$	$18 - 4 + 5 = \square$

❶ – ❸ Additionsübungen mit 3 Würfeln
❹ Rechenvorteile nutzen

64 65

1

14 →→→ 18

2 14 →→→ 16

14 →→→ 20

3 12 →→→ 15

11 →→→ 17

4 13 →→→ 19

10 →→→ 13

5 15 →→→ 18

17 →→→ 20

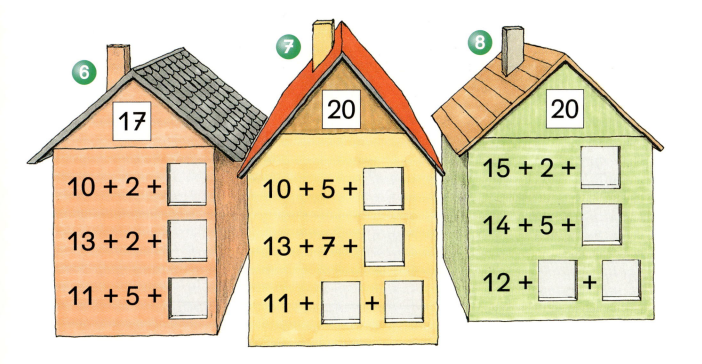

6 17

10 + 2 + ☐

13 + 2 + ☐

11 + 5 + ☐

7 20

10 + 5 + ☐

13 + 7 + ☐

11 + ☐ + ☐

8 20

15 + 2 + ☐

14 + 5 + ☐

12 + ☐ + ☐

9
14 + ☐ = 20
10 + ☐ = 18
12 + ☐ = 17
3 + ☐ = 9
12 + ☐ = 16

10
13 + ☐ = 15
9 + ☐ = 10
19 + ☐ = 20
14 + ☐ = 18
12 + ☐ = 14

11
18 + ☐ = 20
7 + ☐ = 10
24 + ☐ = 30
20 + ☐ = 22
12 + ☐ = 18

64 65

❶ – ❺ Ergänzen der Operatorschreibweise von Additionsaufgaben (Typ: Operator gesucht)
❻ – ❽ Zahlzerlegungen und Ergänzungen mit 3 Summanden

61

1 ☀ 18 (+2) →   ☾ 13 (+7) →   ☆ 12 (+7) →

17 (+3) →   15 (+4) →   14 (+3) →

2 ☀ (+9) → 19   ☾ (+8) → 20   ☆ (+5) → 16

(+3) → 20   (+4) → 4   (+4) → 14

3 ☀ 16 (+2) (−2)   ☾ 12 (+4) −   ☆ 15 (+5) −

4 ☀ 19 (−3) →   ☾ 18 (−8) →   ☆ 25 (−4) →

20 (−5) →   16 (−5) →   15 (−2) →

5 (−2) → 15   (−4) → 15   (−3) → 16

(−1) → 19   (−8) → 20   (−5) → 15

6 ☀ 19 (−2) +   ☾ 18 (−5) +   ☆ 16 (−4) +

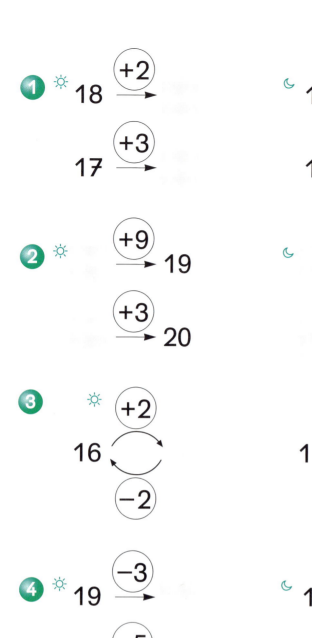
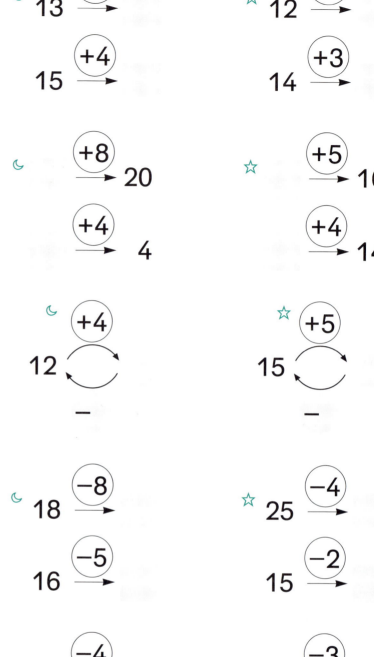

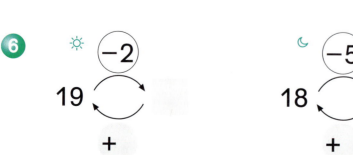

❶ ❷ ❹ ❺ Weiterarbeit an der Operatorschreibweise
(Typ: Ausgabe bzw. Eingabe gesucht)
❸ ❻ Umkehraufgaben

66 66

18 = 10 + ☐
13 = 10 + ☐
10 + 6 = ☐
10 + 10 = ☐

12 + 6 = ☐
6 + 12 = ☐
3 + 16 = ☐
☐ + ☐ = ☐

3 + 5 = ☐
13 + 5 = ☐
7 – 2 = ☐
17 – 2 = ☐

6 →(+4) ☐ →(+8) ☐ ○→ 20

17 →(−4) ☐ ○→ 10 ○→ 4

> oder <

13 ○ 15
16 ○ 18
19 ○ 17
17 ○ 18

> oder < oder =

20 ○ 17 + 3
15 ○ 10 + 4
13 ○ 17 – 2
17 ○ 18 + 2

Lege verschieden aus.

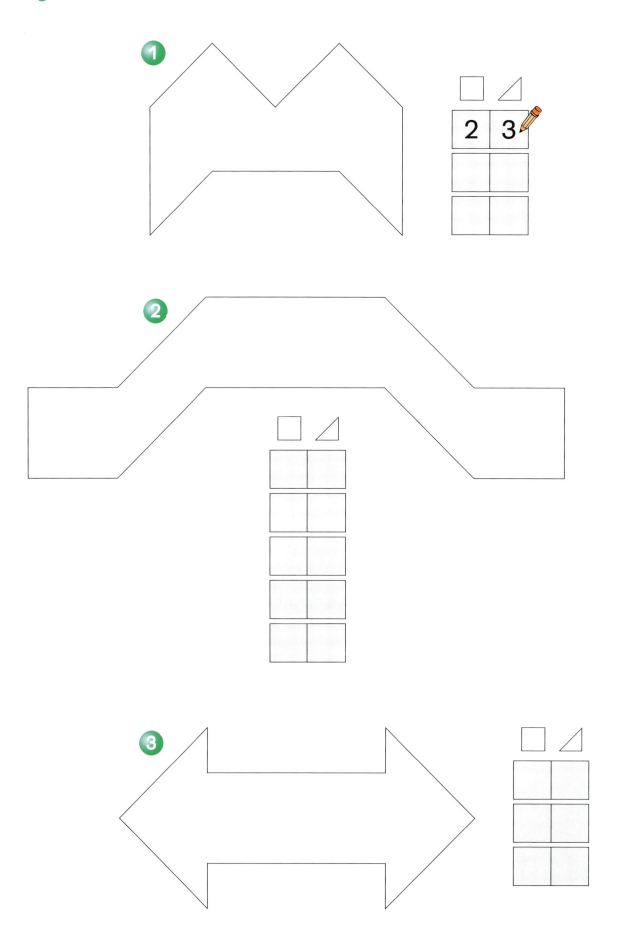

Vorgegebene Umrissfiguren mit Formplättchen (2 Sorten: Dreieck und Quadrat)
auslegen und die verwendeten Anzahlen in Tabellen notieren;
dabei alle Auslegemöglichkeiten finden und
entdecken, dass die Fläche eines Quadrates der Fläche von 2 Dreiecken entspricht

68 68

1 Male das Muster ab.

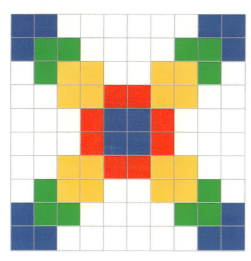 

2 Vervollständige das Muster und übertrage es.

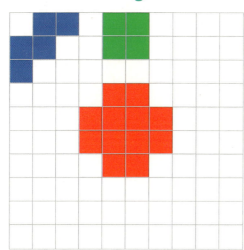 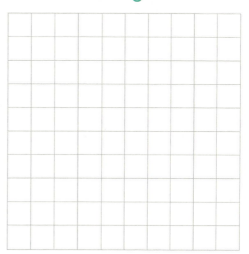

3 Erfinde ein eigenes Muster und übertrage es.

Abzeichnen von vorgegebenen symmetrischen Farbmustern;
Vorerfahrungen im Gitternetz machen und dessen Struktur als Auszählhilfe nutzen;
auf Kästchenpapier eigene Muster zeichnen

①

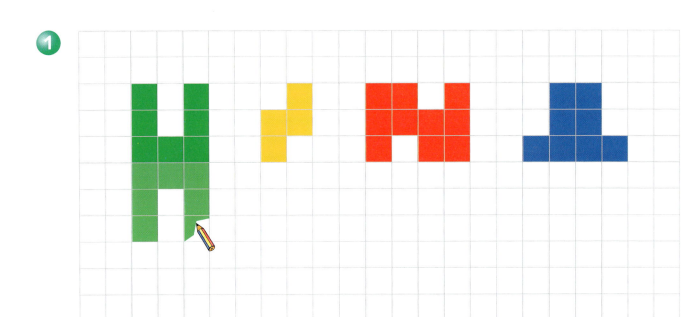

②

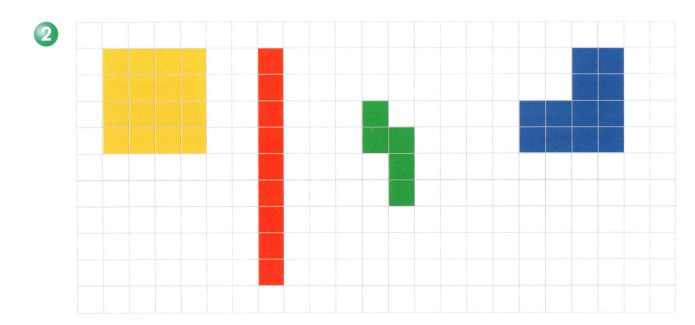

③

	das Doppelte
1	2
4	
9	
10	
8	

④

	das Doppelte
7	
3	
5	
6	
2	

⑤

	die Hälfte
8	
4	
12	
16	
18	

❶ ❷ Verdoppeln über Flächenverdopplungen
❸ – ❺ Verdoppeln und halbieren von Zahlen

70 70

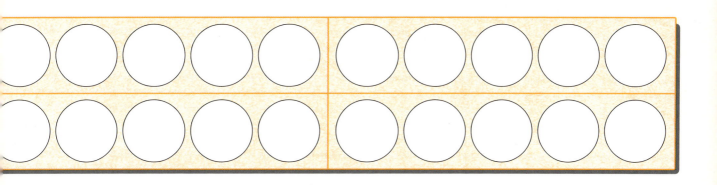

1

4   4 + 4 = ☐

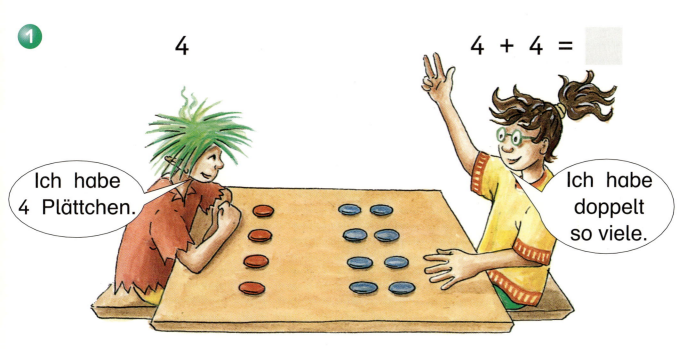

Ich habe 4 Plättchen.

Ich habe doppelt so viele.

Lege nach, male an.

2  5   5 + 5 = ☐

3 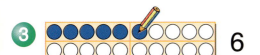 6   6 + 6 = ☐

4 7   7 + 7 = ☐

5 8   8 + 8 = ☐

6 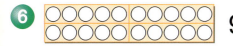 9   9 + 9 = ☐

72

Einstelligen Zahlen verdoppeln,
dabei das Zwanzigerfeld in verschiedener Weise nutzen
(mit und ohne Darstellung des Zehnerübergangs)

67

1 Halbiere.

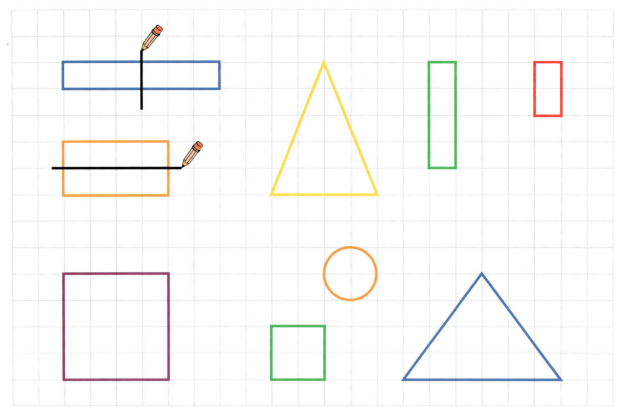

2 Verdopple.

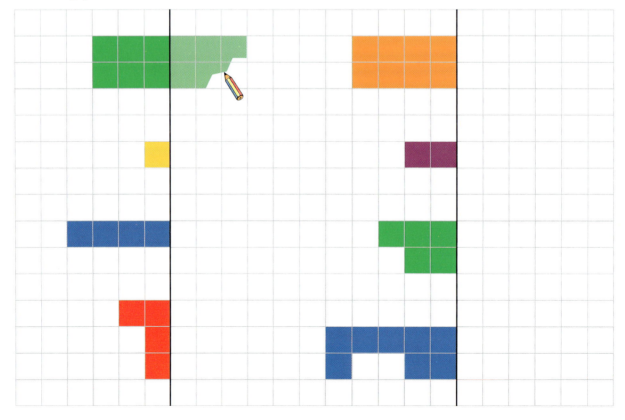

Flächen unter Ausnutzung der Symmetrie verdoppeln und halbieren

72 72

1 Male die Hälfte jeder Figur farbig an.

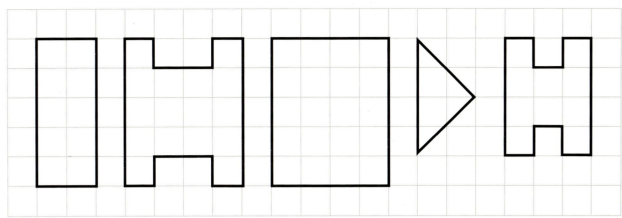

2 Wo musst du den Spiegel hinstellen?

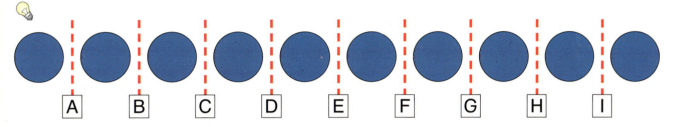

| A | B | C | D | E | F | G | H | I |

So viele Plättchen sind zu sehen	der Spiegel steht auf	**nach** wie vielen Plättchen steht der Spiegel
8	D	4
10		
2		
6		
16		

❶ Halbieren von vorgegebenen symmetrischen Flächen
❷ Halbieren über das Ausnutzen der Spiegelsymmetrie
(Erkennen der Spiegelachse, die eine Punktmenge entsprechend halbiert)

1

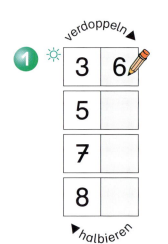

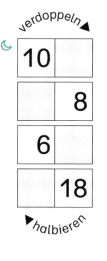

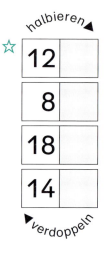

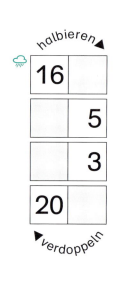

2

$3 + 3 =$
$3 + 4 =$

$8 + 8 =$
$8 + 9 =$

$6 + 6 =$
$6 + 7 =$

$7 + 7 =$
$7 + 8 =$

$9 + 9 =$
$9 + 10 =$

$5 + 5 =$
$5 + 6 =$

3

$5 + 5 =$
$5 + 4 =$

$10 + 10 =$
$10 + 9 =$

$6 + 6 =$
$6 + 5 =$

$8 + 8 =$
$8 + 7 =$

$9 + 9 =$
$9 + 8 =$

$7 + 7 =$
$7 + 6 =$

4

$6 + 7 =$
$6 + 6 =$
$6 + 5 =$

$8 + 9 =$
$8 + 8 =$
$8 + 7 =$

$7 + 8 =$
$7 + 7 =$
$7 + 6 =$

❶ Verdoppeln und halbieren über Operatortabellen,
dabei die Gegenläufigkeit dieser beiden Operationen erfahren
❷ – ❹ Nachbaraufgaben von Verdopplungsaufgaben rechnen

72 72

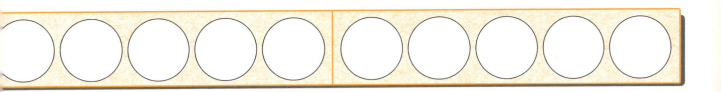

1
☀

Lege 🔵	7	10
Platz für 🔴		

☾

Lege 🔵	6	10
Platz für 🔴		

☆

Lege 🔵	5	10
Platz für 🔴		

2
☀
$7 + \boxed{} = 10$

$4 + \boxed{} = 10$

$1 + \boxed{} = 10$

☾
$3 + \boxed{} = 10$

$5 + \boxed{} = 10$

$8 + \boxed{} = 10$

☆
$6 + \boxed{} = 10$

$2 + \boxed{} = 10$

$9 + \boxed{} = 10$

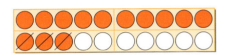 $13 - 3 = 10$

3
☀
$15 - \boxed{} = 10$

$12 - \boxed{} = 10$

$17 - \boxed{} = 10$

☾
$14 - \boxed{} = 10$

$11 - \boxed{} = 10$

$20 - \boxed{} = 10$

☆
$18 - \boxed{} = 10$

$19 - \boxed{} = 10$

$16 - \boxed{} = 10$

4
☀
$10 = 16 - \boxed{}$

$10 = 19 - \boxed{}$

$10 = 13 - \boxed{}$

☾
$10 = 15 - \boxed{}$

$10 = 11 - \boxed{}$

$10 = 17 - \boxed{}$

☆
$10 = 12 - \boxed{}$

$10 = 18 - \boxed{}$

$10 = 14 - \boxed{}$

5
☀
$10 = 3 + \boxed{}$

$10 = 15 - \boxed{}$

$10 = 4 + \boxed{}$

☾
$10 = 16 - \boxed{}$

$10 = 7 + \boxed{}$

$10 = 12 - \boxed{}$

☆
$10 = 8 + \boxed{}$

$10 = 13 - \boxed{}$

$10 = 1 + \boxed{}$

72 72 ❶ ❷ Ergänzen auf 10 mit Legeplättchen
als Vorbereitung auf den Zehnerübergang

❶ ☀ 18 $\xrightarrow{+2}$ 20   🌙 12 $\longrightarrow$ 20   ☆ 15 $\longrightarrow$ 20

5 $\longrightarrow$ 10   1 $\longrightarrow$ 10   19 $\longrightarrow$ 20

16 $\longrightarrow$ 20   7 $\longrightarrow$ 10   8 $\longrightarrow$ 10

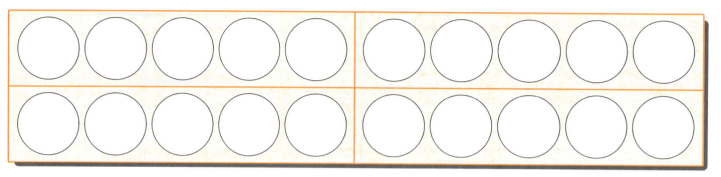

❷ ☀ 11 $\longrightarrow$ 🌙 17 $\longrightarrow$ ☆ 13 $\longrightarrow$

3 $\longrightarrow$ 14 $\longrightarrow$ 2 $\longrightarrow$

10 $\longrightarrow$ 9 $\longrightarrow$ 12 $\longrightarrow$

❸ ☀ 15 $\xrightarrow{+5}$ $\xrightarrow{-3}$ $\longrightarrow$ 15 $\xrightarrow{-5}$ $\longrightarrow$ 12

🌙 16 $\longrightarrow$ 10 $\xrightarrow{+5}$ $\longrightarrow$ 18 $\xrightarrow{-8}$ $\longrightarrow$ 20

☆ 11 $\xrightarrow{+9}$ $\longrightarrow$ 14 $\longrightarrow$ 11 $\longrightarrow$ 19 $\longrightarrow$ 10

🌧 13 $\longrightarrow$ 20 $\xrightarrow{-1}$ $\longrightarrow$ 13 $\xrightarrow{-1}$ $\longrightarrow$ 20

❶ ❷ Ergänzen auf die beiden vollen Zehner 10 und 20 in Operatorschreibweise
als Vorbereitung auf den Zehnerübergang
❸ Operatorketten

72 72

1 Nina rechnet so:

8 + 7

8 + 2 + 5 =

Pop rechnet so:

8 + 7

5 + 5 + 3 + 2 =

Lege und rechne deinen Weg.

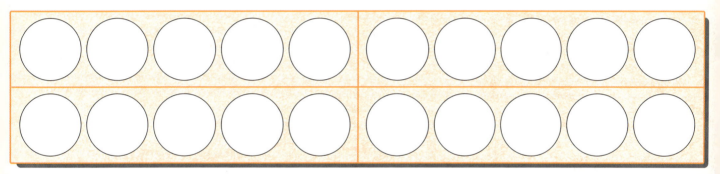

2 ☀ 6 + 9

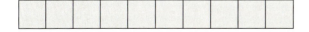

☽ 8 + 5

3 ☀ 7 + 6

☽ 5 + 7

4 ☀ 9 + 4

☽ 3 + 8

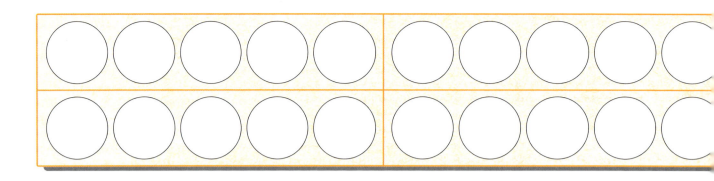

Lege und rechne deinen Weg.

1 ☀ 4 + 7

☾ 6 + 8

2 ☀ 8 + 7

☾ 5 + 9

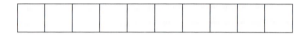

3 ☀ 7 + 4

☾ 8 + 9

4 ☀ 6 + 7

☾ 9 + 8

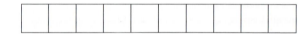

5 ☀ 5 + 6

☾ 2 + 9

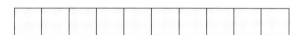

6 ☀ 6 + 5

☾ 4 + 8

7 ☀ 7 + 8

☾ 8 + 6

8 ☀ 9 + 5

☾ 7 + 5

Weiterarbeit am Zehnerübergang,
verschiedene Rechenwege sind möglich

73 73

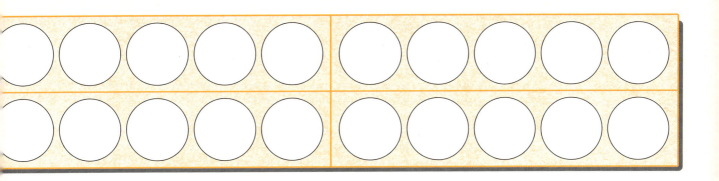

1 Lege mit Wendeplättchen.
Wende möglichst wenig Plättchen.

☀ 7 + 8 =   ☾ 6 + 6 =   ☆ 2 + 9 =

6 + 9 =   5 + 7 =   3 + 8 =

5 + 10 =   4 + 8 =   4 + 7 =

4 + 11 =   3 + 9 =   5 + 6 =

2 Erfinde auch solche Aufgabenreihen.

☀ 5 + 7 =   ☾ 5 + 6 =

4 + 8 =   6 + 5 =

3 +   =   7 +   =

      +   =   +   =

      +   =   +   =

3 ☀ 10 + 10 = ☐   ☾ 3 + 7 = ☐   ☆ 13 + 5 = ☐   ☁ 7 + 10 = ☐

📖 11 + 9 = ☐   4 + 6 = ☐   12 + 6 = ☐   6 + 11 = ☐

12 + ☐ = ☐   5 + ☐ = ☐   11 + ☐ = ☐   5 + ☐ = ☐

☐ + ☐ = ☐   ☐ + ☐ = ☐   ☐ + ☐ = ☐   ☐ + ☐ = ☐

Gegensinniges Verändern von Additionsketten,
dabei Rechenvorteile anwenden und ausnutzen (vorteilhaftes Rechnen)

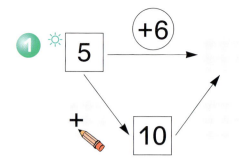

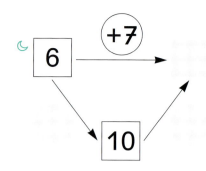

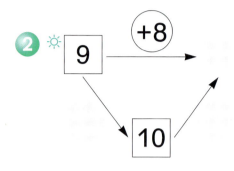

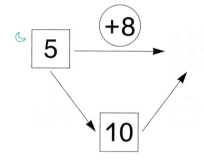

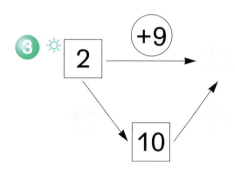

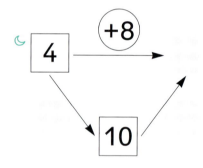

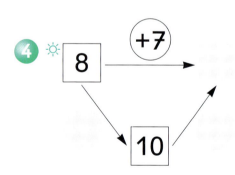

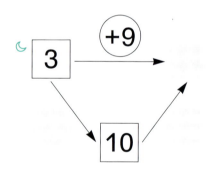

5 2 + 9 = ☐
6 + 8 = ☐
4 + 8 = ☐
7 + 6 = ☐
8 + 3 = ☐

6 9 + 8 = ☐
9 + 7 = ☐
9 + 6 = ☐
9 + 5 = ☐
9 + 4 = ☐

7 5 +☐ = 12
5 +☐ = 13
5 +☐ = 14
5 +☐ = 9
5 +☐ = 11

8 ☐ + 7 = 11
☐ + 9 = 12
☐ + 8 = 10
☐ + 5 = 13
☐ + 8 = 11

❶ – ❹ Zehnerübergang in der Operatorschreibweise
❺ – ❽ Bestimmen der Platzhalter

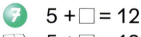 74

1 Nina rechnet so:

15 − 7

15 − 5 − 2 =

Pop rechnet so:

15 − 7

10 − 7 + 5 =

Lege und rechne deinen Weg.

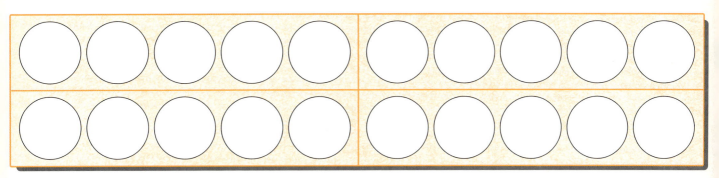

2 ☼ 16 − 9

☾ 17 − 8

3 ☼ 14 − 6

☾ 12 − 7

4 ☼ 14 − 9

☾ 13 − 6

75 75   Minusaufgaben mit Zehnerübergang;
verschiedene Rechenwege nutzen

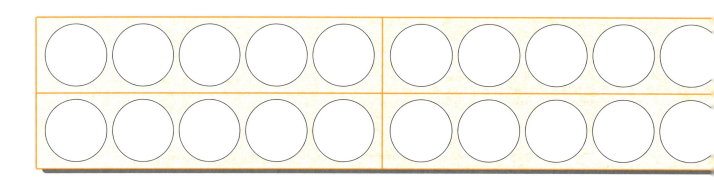

Lege und rechne deinen Weg.

1 ☀ 15 − 8

| 1 | 5 | − | | | | | | | |

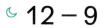 12 − 9

| | | | | | | | | | |

2 ☀ 13 − 7

| | | | | | | | | | |

☾ 14 − 7

| | | | | | | | | | |

3 ☀ 11 − 5

| | | | | | | | | | |

☾ 13 − 9

| | | | | | | | | | |

4 ☀ 12 − 6

| | | | | | | | | | |

☾ 14 − 6

| | | | | | | | | | |

5 ☀ 14 − 5

| | | | | | | | | | |

☾ 12 − 4

| | | | | | | | | | |

6 ☀ 12 − 7

| | | | | | | | | | |

☾ 15 − 7

| | | | | | | | | | |

7 ☀ 13 − 6

| | | | | | | | | | |

☾ 11 − 8

| | | | | | | | | | |

8 ☀ 11 − 6

| | | | | | | | | | |

☾ 12 − 5

| | | | | | | | | | |

Weiterarbeit am Zehnerübergang,
verschiedene Rechenwege sind möglich

75 75

1 ☼ 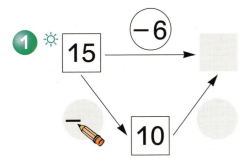 　　　 🌙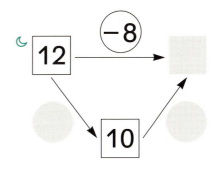

2 ☼ 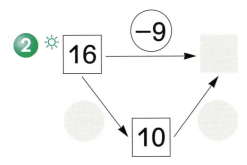 　　　 🌙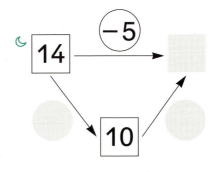

3 ☼ 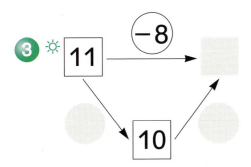 　　　 🌙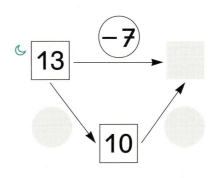

4 ☼ 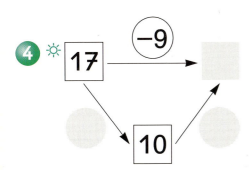 　　　 🌙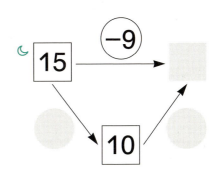

5 15 − 7 = ☐
13 − 5 = ☐
16 − 8 = ☐
11 − 7 = ☐
13 − 4 = ☐

6 12 − 7 = ☐
12 − 6 = ☐
12 − 5 = ☐
12 − 4 = ☐
12 − 3 = ☐

7 14 − ☐ = 8
13 − ☐ = 6
12 − ☐ = 8
15 − ☐ = 8
11 − ☐ = 2

8 11 − ☐ = 3
11 − ☐ = 4
11 − ☐ = 5
11 − ☐ = 6
11 − ☐ = 7

❶ – ❹ Weiterarbeit in der Operatorschreibweise
❺ – ❽ Bestimmen der Platzhalter

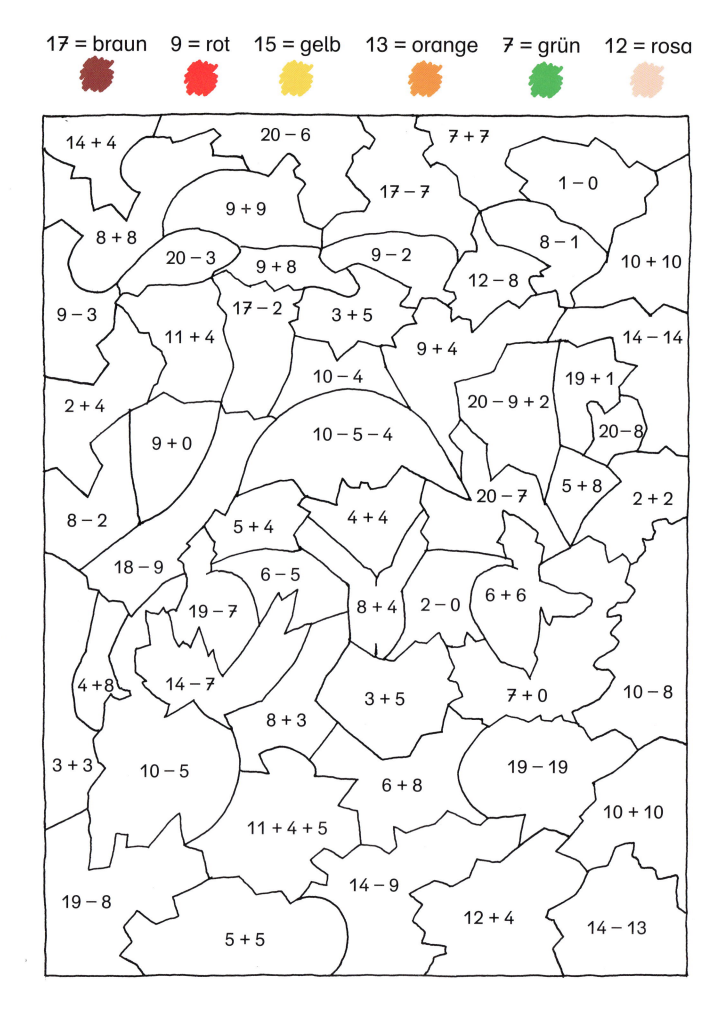

Anwendung der Addition und Subtraktion
im Zahlenraum bis 20; Ausmalbild

76 75

Rechenmauern der Addition und Subtraktion
in verschiedenen Schwierigkeitsstufen;
z.T. ist das Anwenden der Umkehroperation erforderlich

81

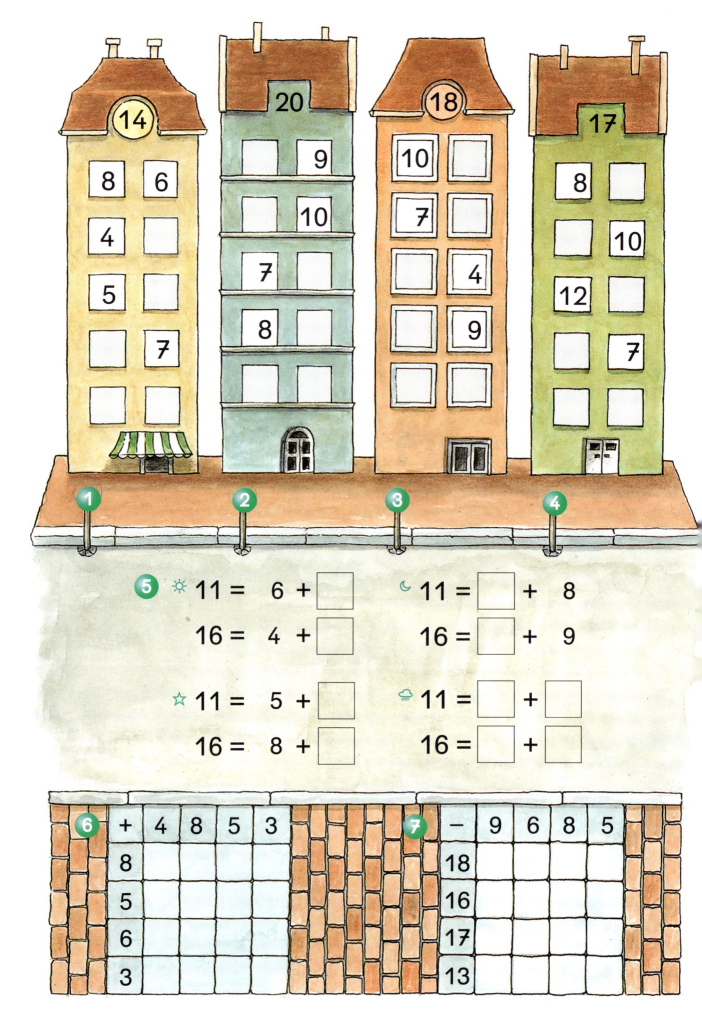

5
☀ 11 = 6 + ☐ 🌙 11 = ☐ + 8
  16 = 4 + ☐   16 = ☐ + 9

☆ 11 = 5 + ☐ ☔ 11 = ☐ + ☐
  16 = 8 + ☐   16 = ☐ + ☐

6

+	4	8	5	3
8				
5				
6				
3				

7

−	9	6	8	5
18				
16				
17				
13				

Übungsseite: Additions- und Subtraktionstabellen

77 79

12 + 6 = 18

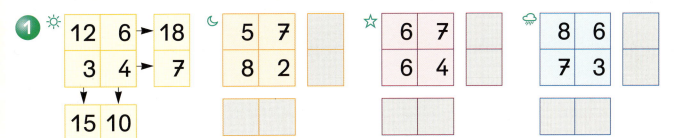

1 ☀
12	6	→	18
3	4	→	7

15 10

☾
5	7	
8	2	

☆
6	7	
6	4	

🌧
8	6	
7	3	

2 ☀
7		13
	14	
12		

☾
9		15
	12	
17		

☆
9		18
	11	
19		

🌧
2		14
	9	
11		

3 ☀
9	6	
19	15	

☾
8	7	
14	19	

☆
5	7	
15	18	

🌧
3	9	
17	17	

4 ☀
2	3	
14	2	
3	6	

☾
8	3	5	
3	10	3	
5	3	8	

☆
7	6	5	
4	4	4	
15	16	18	

5 ☀
6	7	
2	4	
14	14	

☾
3	7	2	
1	9	8	
18	17	12	

☆
6	5		12
6	5		15
6	5		18

77 79

Kästchenaufgaben:
Reihen- und spaltenweises Addieren von 2 oder 3 Summanden

1 +5 · 7 · + · 10 · +

2 13 · −4 · − · 10 · −

3

8 + 6

4

12 − 9

5

6 + 5 =

8 + 7 =

7 + 9 =

5 + 8 =

6

12 − 8 =

16 − 7 =

11 − 5 =

14 − 6 =

7

	das Doppelte
9	
5	
7	
8	

8

	die Hälfte
12	
20	
8	
14	

Lernplateau:
Rechnen bis 20 mit Zehnerübergang;
das erworbene Wissen überprüfen

83 83

Immer 10

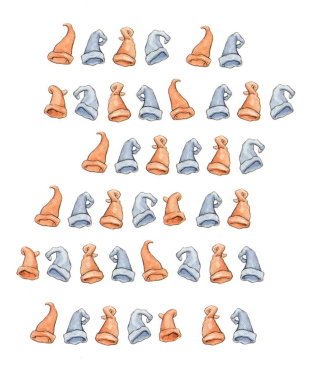

Z	E

Z	E

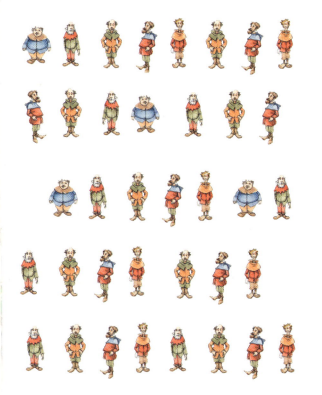

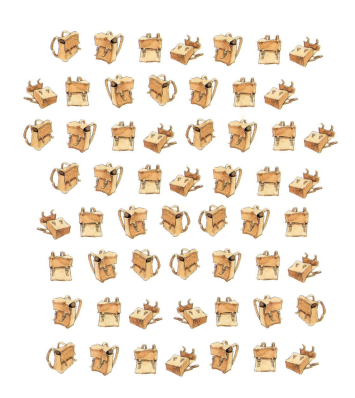

Z	E

Z	E

Zehnerbündelung:
Zu Zehnern und Einzelnen bündeln
und in einer Stellenwerttafel notieren

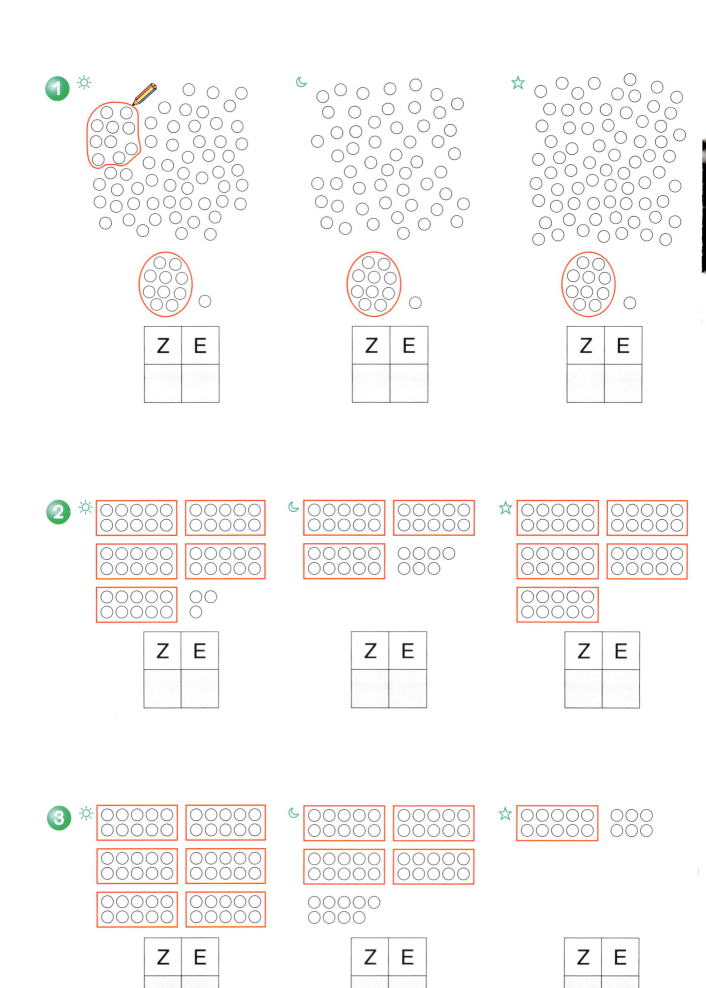

❶ Zu Zehnern und Einzelnen bündeln
und in einer Stellenwerttafel notieren
❷ ❸ Anzahlen in einer Stellenwerttafel notieren

85 85

Immer 10

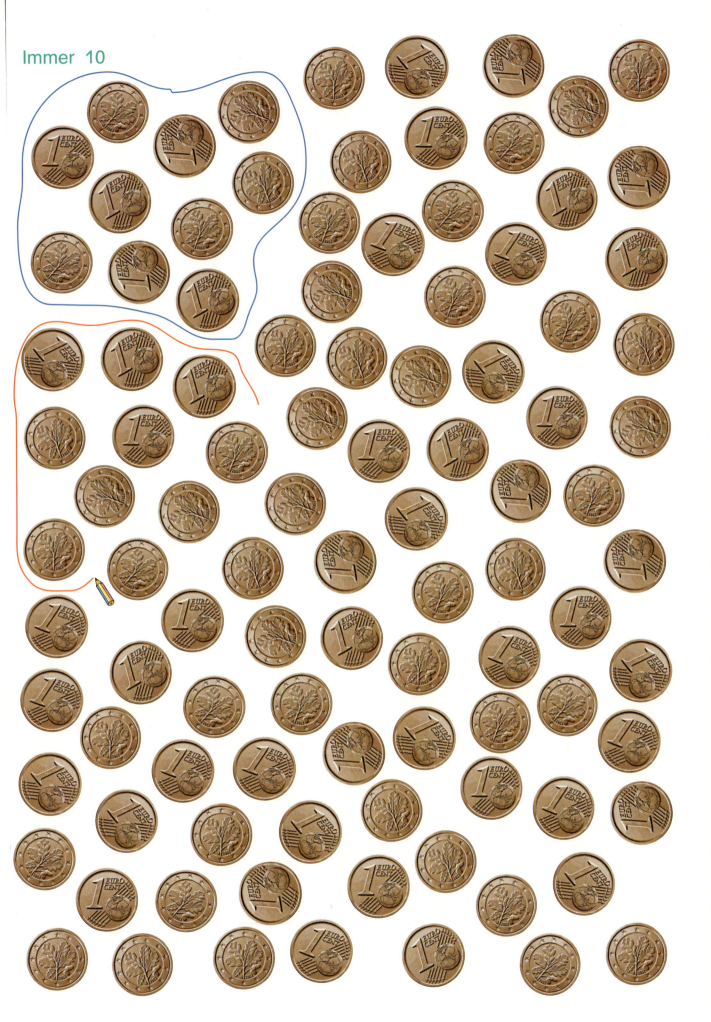

Die Anzahl 100 erfassen;
100 1-Cent-Münzen zu Zehnern bündeln

Decke die Zahlen ab. Zeige sie deinem Nachbarn.

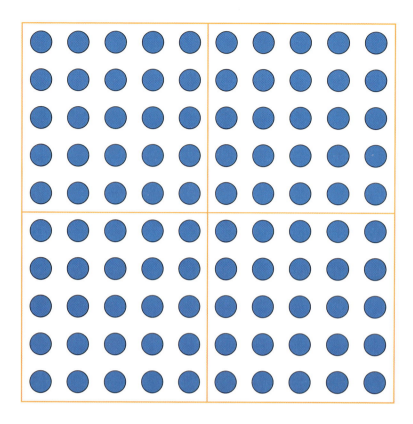

zehn
zwanzig
dreißig
vierzig
fünfzig
sechzig
siebzig
achtzig
neunzig
hundert

Das sind 100.

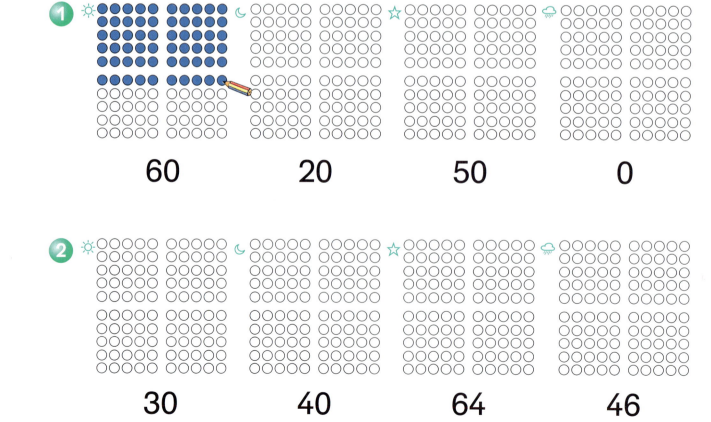

1 ☀   ☾   ☆   ☂

60   20   50   0

2 ☀   ☾   ☆   ☂

30   40   64   46

Zehner erfassen und darstellen;
Zehner-Einer-Zahlen darstellen

86 86

Trage die fehlenden Nummern ein.

Eine Hundertertafel aufbauen;
die Zahlen bis 100 schreiben

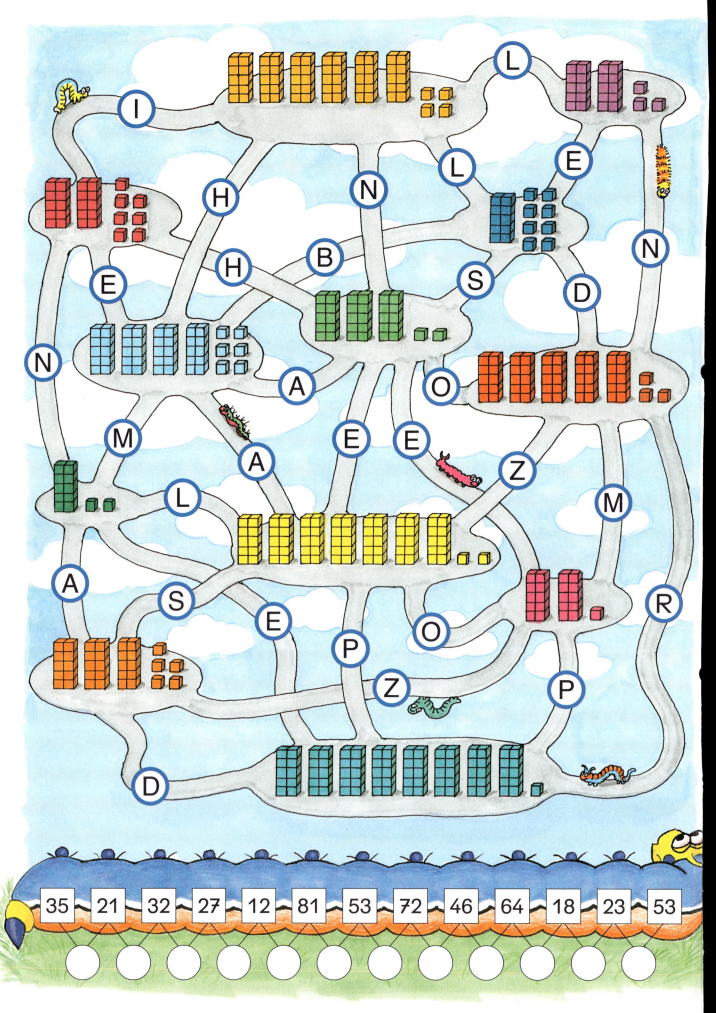

| 35 | 21 | 32 | 27 | 12 | 81 | 53 | 72 | 46 | 64 | 18 | 23 | 53 |

Zehner-Einer-Zahlen in der Darstellung aus Zehnerblöcken und Würfeln erfassen;
ein Labyrinth nach der Vorschrift durchlaufen; genannte Zahlen aufsuchen und
die Buchstaben auf dem Weg zwischen zwei Zahlen schreiben; das Lösungswort lesen

89

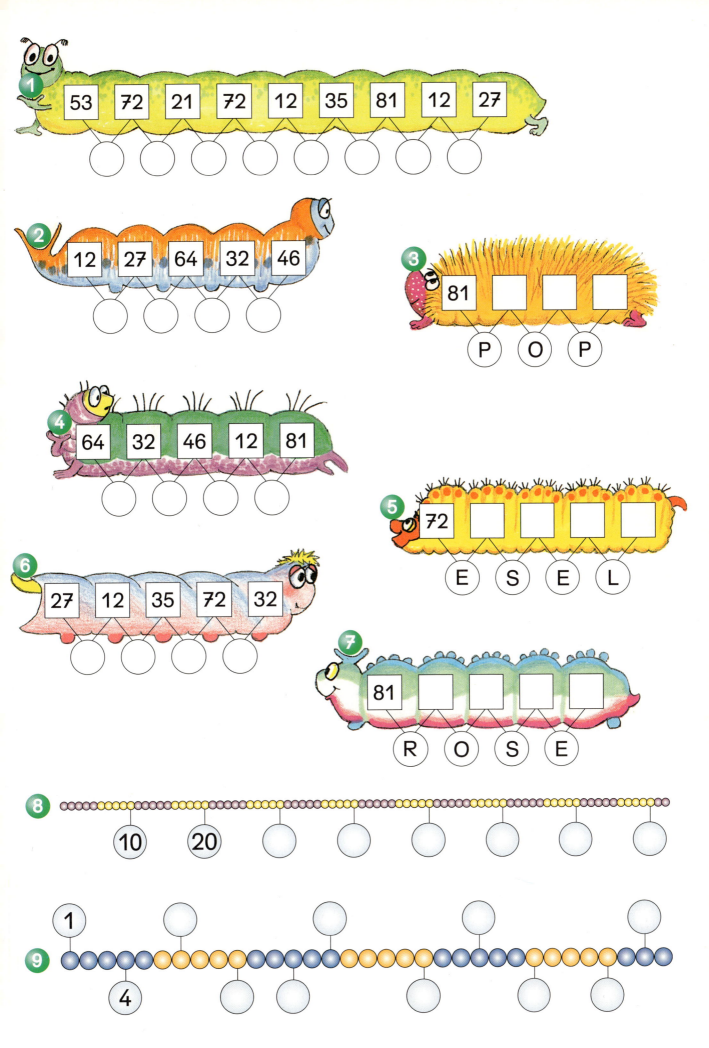

1 53 72 21 72 12 35 81 12 27

2 12 27 64 32 46

3 81 ☐ ☐ ☐
P O P

4 64 32 46 12 81

5 72 ☐ ☐ ☐ ☐
E S E L

6 27 12 35 72 32

7 81 ☐ ☐ ☐ ☐
R O S E

8 10 20

9 1
4

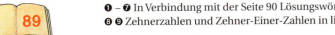
89

❶ – ❼ In Verbindung mit der Seite 90 Lösungswörter oder Zahlen suchen und aufschreiben
❽ ❾ Zehnerzahlen und Zehner-Einer-Zahlen in linearer Anordnung lesen und schreiben

91

1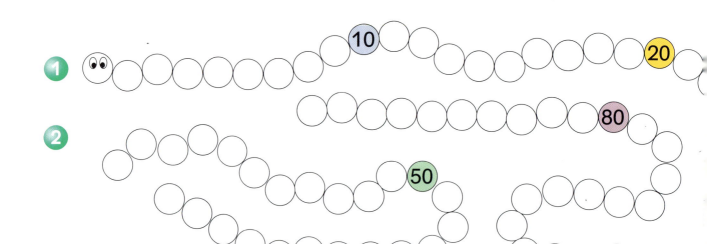

2

3
☀	☾	☆
2 + 3 = 5	7 − 3 =	7 − 3 =
20 + 30 =	70 − 30 =	70 − 30 =
7 + 2 =	6 − 2 =	9 − 5 =
70 + 20 =	60 − 20 =	90 − 50 =
6 + 3 =	4 − 4 =	8 − 4 =
60 + 30 =	40 − 40 =	80 − 40 =
4 + 0 =	8 − 2 =	5 − 0 =
40 + 0 =	80 − 20 =	50 − 0 =

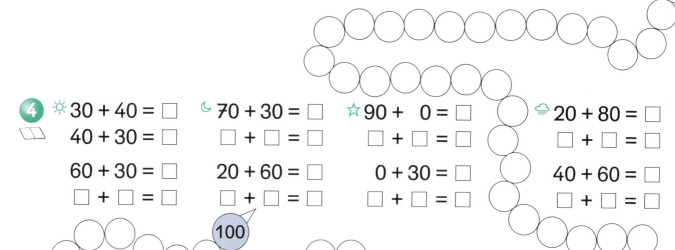

4
☀	☾	☆	☁
30 + 40 = □	70 + 30 = □	90 + 0 = □	20 + 80 = □
40 + 30 = □	□ + □ = □	□ + □ = □	□ + □ = □
60 + 30 = □	20 + 60 = □	0 + 30 = □	40 + 60 = □
□ + □ = □	□ + □ = □	□ + □ = □	□ + □ = □

100

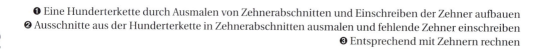

❶ Eine Hunderterkette durch Ausmalen von Zehnerabschnitten und Einschreiben der Zehner aufbauen
❷ Ausschnitte aus der Hunderterkette in Zehnerabschnitten ausmalen und fehlende Zehner einschreiben
❸ Entsprechend mit Zehnern rechnen
❹ Tauschaufgaben rechnen

87

1

☀ _____ Cent 🌙 _____ Cent ☆ _____ Cent 🌧 _____ Cent

2 ☀

30 Cent + 40 Cent = _____ Cent

70 Cent + 20 Cent = _____ Cent

20 Cent + 60 Cent = _____ Cent

60 Cent + 40 Cent = _____ Cent

🌙

50 Cent + 40 Cent = _____ Cent

70 Cent + 10 Cent = _____ Cent

90 Cent + 0 Cent = _____ Cent

0 Cent + 30 Cent = _____ Cent

3 ☀

90 Cent − 50 Cent = _____ Cent

70 Cent − 20 Cent = _____ Cent

30 Cent − 0 Cent = _____ Cent

80 Cent − 60 Cent = _____ Cent

🌙

100 Cent − 40 Cent = _____ Cent

90 Cent − 40 Cent = _____ Cent

80 Cent − 40 Cent = _____ Cent

70 Cent − 40 Cent = _____ Cent

4

☀ _____ € 🌙 _____ € ☆ _____ € 🌧 _____ €

5 ☀

40 € + 30 € = 70 €

70 € − 30 € = ☐ €

80 € + 20 € = ☐ €

☐ € − ☐ € = ☐ €

40 € + 60 € = ☐ €

☐ € − ☐ € = ☐ €

🌙

60 € + 10 € = ☐ €

☐ € − ☐ € = ☐ €

30 € + 30 € = ☐ €

☐ € − ☐ € = ☐ €

60 € + 20 € = ☐ €

☐ € − ☐ € = ☐ €

☆

30 € + 50 € = ☐ €

☐ € − ☐ € = ☐ €

10 € + 80 € = ☐ €

☐ € − ☐ € = ☐ €

50 € + 50 € = ☐ €

☐ € − ☐ € = ☐ €

 87

❶ ❹ Geldbeträge aus Zehnermünzen und -scheinen aufschreiben
❷ ❸ Mit Zehnerbeträgen von Euro und Cent rechnen
❺ Umkehraufgaben mit Zehnerbeträgen rechnen

Trage die Uhrzeiten ein.

Uhr

Uhr

Uhr

Uhr

Uhr

Uhr

Uhr

Uhr

Uhr

Uhr

Uhr

Uhr

Den Tag einteilen und den Tagesablauf ordnen;
entsprechende Uhrzeiten (Stundenangaben) lesen und aufschreiben

93 93

1 ☀ Uhr ☾ Uhr

2 ☀ Uhr ☾ Uhr

3 ☀ Uhr ☾ Uhr

Male alle Felder aus, auf denen es 8 Uhr ist.

Uhrzeiten ablesen und nennen;
Felder mit der Zeitangabe 8 Uhr ausmalen

94 94